牛肉料理地图

55 道全球牛肉料理

黄庆轩 ◆ 著

中国轻工业出版社

前言

　　早年务农人口多，所以多不食用牛肉，但在各国文化长期融合下，牛肉已成为广受大众喜爱的食物，懂得吃牛肉的饕客更是讲究，只因牛肉那鲜美的滋味、柔嫩的肉质与满溢于唇齿间的浓郁肉味。

　　味道鲜美、蛋白质含量高的牛肉可制作成各式各样的牛肉料理，可以是全牛烧烤，享受大口吃肉大碗喝酒的豪迈；可以是精致、分量少、样式多的和牛怀石，通过季节食材让美味发挥最大极限……《舌尖上的中国2》中曾有段旁白："大多数美食，都是不同食材组合碰撞产生的裂变性奇观。若以人情世故来看食材的相逢，有的是让人叫绝的天作之合，有的是叫人动容的邂逅偶遇，有的是令人击节的相见恨晚。"牛肉每个部位的肌理不同，所呈现的口感和肉质、风味也各不相同，对应烘烤、烧烤、焖烧等千变万化的烹饪方法后，挑逗味蕾的美味令人难以抗拒。

　　"美味"的基础来自于对料理与食材的知识认识、厨艺的精炼，再辅以厨师的料理秘诀，就能摆脱"明明按照食谱一步步做，却还是失败！"、"味道怎么就是差一点？"等的料理杀手窘态。

　　《牛肉料理地图》是喜爱牛肉的读者和想提升厨艺的厨师都适用的食谱，不只收录55道各国美味牛肉佳肴，更带你了解牛肉食材的产地特色、切分部位特色、烹调方法与技巧，让你知道"怎么做"，更让你知道"为什么要这样做"。

自序

在此首先要感谢许多前辈师傅给我的指导、协力厂商的支持、出版社工作人员以及助理同学们的协助，没有你们的努力，这本书无法顺利完成，由衷地感谢各位！

我是一名牛肉的极度爱好者，这是不容否认的！我非常热爱旅行，这些年来，我走访了十多个国家，品尝了许多地道、传统的牛肉料理，加上多年从事厨师工作以及餐饮教学的经验，我将所学到的、看到的、品尝到的各式各样美味的牛肉料理记录下来，整理之后成为自己专属的工具书。让我感到最开心的是，现在终于可以和读者朋友们分享我喜爱的牛肉料理了！

这本书，认真来说就像是一本食谱笔记，记录着世界各国的牛肉料理，口味包罗万象，无论你是为了学习或是改良配方，或者单纯喜欢在厨房中享受烹饪的乐趣，相信它肯定能让你们喜欢！

烹饪牛肉料理并不简单，其食用价值高，营养也丰富；但牛肉部位种类名称多，大众在购买时经常担心烹调出来的牛肉不好吃。其实，每个部位都有其适当的处理方法及最佳的烹调方式，本书中均有详细的介绍及烹调步骤，让你可以轻轻松松做出最美味的佳肴！现在，就跟着我一起动手做料理吧！

最后，在我写这本食谱的过程中，我的宝贝女儿已经一岁多了！她经常在我写稿时依偎在我脚边撒娇，使我疲惫的身躯瞬间充满活力，才能写出一道道的美味食谱。仅将此书献给我最爱的女儿——郁乔。

厨师是艺术家，请尽情挥洒对料理的热情！

黄炎輴

Vincent Huang

目录

Chapter

01 欧 洲

西 欧

东 欧

南 欧

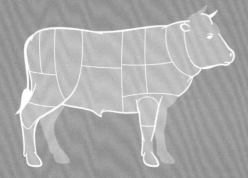

本书使用方法

时间：前为准备
时间，后为料理
时间

成品图

材料：依做法顺
序列材料及食材
备料

部位：使用的牛肉部位　　　　料理名称　　　　　　　　分量：适合品尝人数

Middle East Kebabs with Pita

中东烤牛肉串配口袋饼

时间　准备 2.5 h　料理 35 min　　饮品　石榴汁　　分量　2～3 人

中东给你的印象是什么呢？阿拉丁、穆斯林、水烟……中东地区各国家有不同的烹煮方式，共同特色就是香料。在主食上不仅有当地独特的大饼，更融合了东西方的米、面文化。这是一道完全呈现香料运用的料理，做起来简易，也能调整成适合自己的口味，简单轻松就能让异国料理亲近你的生活。

饮品：主厨特别推荐饮品

[材料]

肩牛里脊　200g

　盐　10g
　砂糖　10g
　红糖　10g
　辣椒粉　10g
　孜然粉　10g
　黑胡椒粗粉　10g
　卡宴辣椒粉　5g
　匈牙利红椒粉　5g
　姜黄粉　5g
　色拉油　15ml

洋葱块　100g
黄瓜片　70g
生沙嗲酱　250g
东孜然烤酱　适量
东口袋饼　2个

原味酸奶　1杯
薄荷叶　5g

[做法]　**做法：料理步骤顺序**

① 先将牛里脊切成2cm见方的方块（见图1），放入盆中，放入腌料拌匀，腌制2小时备用（见图2）。

② 将腌好的牛里脊块加入沙嗲酱略拌，腌制15分钟，取出后用铁扦将牛里脊块与紫洋葱块、黄瓜片穿起（见图3）。

③ 将煎烤用平底锅加热，放入牛肉串烤上纹路，烧烤过程中刷上中东孜然烤酱，两面各烤约2分钟，至5～7成熟（见图4）。

④ 将口袋饼烤熟，再摆上牛肉串，搭配薄荷酸奶酱即可完成。

步骤图：做法示范

Tips

加柠檬或柠檬汁，味道更好。

127

Tips：主厨提醒

牛肉的产地与品种

牛肉食材取得容易，在超市就可以买到分类清楚的牛肉肉品，从标示上可以清楚明辨出产地、品种，但各产地的牛肉品级真的有差别吗？目前世界上牛肉的品种有近百种，不同的产地和不同饲养方式的肉质有区别吗？和牛比较高档吗？

一般来说，牛肉的产地与品种大抵可分为美国牛肉、澳洲和牛、澳洲草饲牛肉等，各地不同的自然环境以及不同的饲养方法，使得各国牛肉具有不同的特点，所以每个产地的牛肉各有风味，就让我们先来认识各地牛肉的特色吧。

牛肉的色泽

肉品的颜色是判定肉类品质的指标，又会因为品种、年纪、包装处理方式等而产生影响。一般来说，牛肉所呈现的颜色是深红或暗红色，而不是鲜红色；脂肪呈乳白色；骨头部位则呈粉红色。

肉中的酶类在空气、光线中暴露时间过久，肉的色泽会转变成棕褐色、偏咖啡色或深咖啡色，也就表示不再新鲜。

美国牛

美国牛有很多品种，包括了赫里福德、格尔布威、圣赫特鲁迪斯等，但公认最好吃的还是安格斯牛肉。美国牛从小不吃草，只吃谷物玉米及营养素，并以圈养方式饲养，牛脂肪蓄积足够，油花分布如大理石般均匀美丽，可满足人们的食欲。

澳洲和牛

澳大利亚的和牛是将日本和牛品种带到澳大利亚，与澳大利亚的安格斯牛配种后的品种。澳洲和牛不仅品种杂交于日本和牛，饲养方式也与日本相似，甚至还会帮牛按摩、放音乐等，以使牛肉的肉质更佳。澳洲和牛油脂高达50%，大理纹油花分布如大理石般均匀美丽，肉质柔软细致，鲜甜多汁，肉味浓郁。

澳洲草饲牛肉

澳大利亚、新西兰当地的空气被喻为全球最洁净，干净水土上滋养的澳大利亚原生牧草是澳洲草饲牛的主食。澳洲草饲牛采用放牧的饲养方式，牛活动量大，较天然健康，所以肉质精瘦、脂肪含量低，吃起来较有嚼劲。

牛肉的部位及特点

菜单上琳琅满目的牛排名称令你晕头转向吗？超市里各式各样的牛肉，要挑选哪个部位的牛肉才适合呢？各国牛肉切分部位略有不同，在此做一综合整理介绍。

1 肩胛肉 Chuck

肩胛肉是指牛的肩膀、脖子以及前五根肋骨部分的肉，是牛肉切分部位中最大的一块，包含数个味道浓厚又经济实惠的部位。此部位较常运动，因此富含结缔肌肉、大块脂肪、骨头与软骨，适合焖烤、炖煮等长时间的烹煮方式。

肩胛里脊

A. 肩胛眼牛排（Chuck Eye Steak）：

肩胛眼牛排位于肩胛肉卷中心。

口感：口味丰富鲜美，是肩胛肉中富含脂纹纹路、口感最柔嫩的精肉部位。

烹煮方式：焖煮、烧烤或油煎。

B. 肩胛牛排（Chuck Steak）：

取自肩胛肉卷中一块大而无骨的牛排肉块。

口感：富含肉味，色泽深，纹理中等细致，口感较韧、有嚼劲。

烹煮方式：腌过再焖煮。

C. 丹佛牛排（Denver Cut）：

取自肩胛肉卷。

口感：肉色淡，油花分布上乘，特别是在前端有许多霜状的纹路，所以口感较柔嫩、多汁。

烹煮方式：烧烤或油煎。

D. 七骨焖烤肉块（7-Bone Pot Roast）：

取自前腿，骨头的形状像7的带骨长方形牛排，约3cm厚。

口感：较有咬劲，质地结实，滋味浓郁鲜美。

烹煮方式：需要汤汁长时间烹煮，适合炖煮、焖煮或焖烤。

E. 嫩肩里脊/板腱（Petite Filet）：

取自牛肩上方，切去粗背板筋的外侧部位，形状与大小都与猪里脊类似。

口感：多为瘦肉，多汁。

烹煮方式：可用于烤箱或烧烤。

F. 前腿牛排（Shoulder Roast）：

取自前腿肉。

口感：风味格外浓郁，口感较韧。

烹煮方式：腌渍后焖煮。

嫩肩里脊／板腱

2 牛肋排 Rib

位于牛背部、肩胛部与腰部的牛肋，是极少运动到的一个部位，因此带有大理石纹路般的肌间脂肪，味道浓厚且格外柔嫩。

A. 肋翼（Wing Rib）与肋脊牛排（Rib Steak）：

口感：肋翼是位于第2到第7根肋骨之间的部位，有丰富的脂肪油花，丰润多汁、口感柔嫩、肉香丰富。

烹煮方式：因肉块本身足够软嫩，可直接烘烤。

B. 肋眼肉卷（Rib Eye）：

存于肋里脊中心，嫩度高、纹理细腻、略带大理石纹理，瘦肉外部纵向分布少量的脂肪条。

口感：含脂肪纹路，有优质的脂肪油花，特别多汁、软嫩且富有肉香。

烹煮方式：最适合烘烤与焖煮。

C. 带骨肋眼（Bone-in ribeye）：

带骨肋眼

肋眼是取自牛第6至第12根肋骨的牛肉，往前的叫牛肩胛肉小排（Chuck Roll），肉质偏硬，往后的叫西冷（Sirloin）。在澳大利亚，肋眼（Rib Eye）通常是带着肋骨一起上桌的，又称为带骨肋眼（Bone-in ribeye）。好吃的带骨肋眼，厚度最好不要低于2.54厘米。

口感：富含脂肪纹路，肉间油脂能让口感更添滑顺，入口软嫩。

烹煮方式：无论是煎或是炭烤都非常适宜。

D. 背部肋条（Back Ribs）：

肋排块取下肋眼肉之后剩余的带骨肉块。背部肋条若经过去骨处理就成了去骨牛小排。

口感：有许多脂肪纹路，肉色较浅，口感柔嫩，风味佳。

烹煮方式：背部肋条适合腌渍后烧烤或炭烤。

背部肋条

E. 牛小排（Short rib）：

位于牛肋和牛肩之间，肉质鲜嫩，油脂甚多。

口感：有许多脂肪纹路，肉质丰腴、富含油脂，肉色较浅，筋膜薄且耐嚼，连骨头一起煎，更带有脂香。

烹煮方式：焖煮、红烧、水煮或慢烤均可。

牛小排

3 胸腹肉
Short Plat

胸腹肉是牛身体底部的切分部位，此部位无骨，瘦肉较多。

A. 腹横肌牛肉/牛侧腹（Skirt）：

位于牛小胸腹的部位，呈细长条状。

口感：通常油花密布，质地松散，风味浓郁。

烹煮方式：长时间腌渍后再烧烤，或是油煎。

B. 腹胁肉排（Flank Steak）：

连接胸腹肉，靠乳房内侧与之平行的精肉。

口感：富含脂肪纹路的牛腩精肉，肉质纤维较粗、有较好的咬感，味道鲜甜。

烹煮方式：在中餐里常被使用。为改善不够软嫩的问题，可逆纹切割后腌渍，再烧烤或油煎。

牛侧腹

牛五花

C. 胸腹/五花（Brisket）：

位于前腿和硬肋之间，由胸肉沿特定肋骨的后缘，除去前胸肉而成，此部位筋膜与纤维较多，主要由瘦肉与肥肉交叠而成，肉间脂肪及表面脂肪多，肉质较坚韧，富有弹性。

口感：肥瘦均匀，吃起来不会过于油腻，带有浓郁牛肉味的油香。

烹煮方式：这个部位最适合炖煮、烧烤及牛丼等做法。

4 前腰肉
Loin

介于肋排与后腰中间的部位。

A. 菲力（Fillet Steak）：

平行于腰部的长肉条，是所有切分部位中，最柔嫩、纹理最细致、多汁的部位。

口感：柔润多汁，入口即化。

烹煮方式：可用于油煎后再烘烤、烧烤或高温快速烘烤。

菲力

B. 纽约客（Strip steak）：

取自牛的前腰脊部。

口感：口感结实，油脂分布均匀，嫩度不及肋眼或牛里脊肉，脂肪含量则介于两者之间。

烹煮方式：适于熏烤。

纽约客

C. T骨牛排（T-bone Steak）或红屋牛排（Porterhouse Steak）：

T骨牛排取自牛的前腰脊部位，这块牛排包含一部分内腰肉，以及一部分菲力。腰脊肉切片位置的不同，其菲力与纽约客大小和比例也会不同，如果切片的部位比较靠近尾端，菲力的部分直径较大，则称为红屋牛排。由于肉块中间有一个T字型的骨头，因此称为T骨牛排。

口感：口感软嫩，肉味丰富。

烹煮方式：最好用油煎或烧烤。

T 骨牛排

5 后腰肉
Sirloin

指牛后腿上方的部位。此部位味道鲜甜浓郁，但因为部位差距大，其软嫩的程度也各有不同。

A. 后腰角切牛排（Corner Cut）：

位于下后腰脊部分侧面的内腹筋，一块弯曲、呈三角形、不含骨头的肉块。

口感：后腰部位中富含脂肪纹路的部分，几乎不带脂肪，切成厚片也很柔嫩美味，并且味道浓厚。

烹煮方式：预先腌渍或采用重口味的方式烹饪，效果会较好。

西冷

B. 西冷（Top Sirloin）：

为牛后腰脊柱两侧的后腰脊肉。

口感：深红色，肉质嫩度适中，纹理细腻紧实，油花较少但分布均匀，口味佳，此部位靠近腿部的运动肌肉，所以略有嚼劲。

烹煮方式：适合烘烤。

6 后腿肉
Round

指牛末端部位的肉品，切割范围从牛的后腿上部到小腿牛腱。

后腿肉

A. 上部后腿肉（Top Round）：

取自后腿上端内侧的大腿肉，也是后腿肉中最多汁、柔软的部分。

口感：此部位为柔嫩且大块的肉，口感密实。

烹煮方式：最佳的烹煮方式为焖煮。

B. 后腿股肉（Knuckle）：

后腿股肉位于后腿最上方，紧邻后腰的部位。呈现淡淡的深红色，纹路有些粗糙，坚韧。

口感：与上部后腿肉相比，在精肉中有适量的脂肪纹路存在，口感柔嫩，味道极佳。

烹煮方式：最适合烘烤。切丝或薄肉片，也相当可口。

C. 外侧后腿肉（Outside Round）：

是后腿最下方切分部位，属于腿部外侧肌肉，因常运动，富含结缔组织，口感相对来说较韧，嫩度中等。

口感：纹理细致，肉质韧且硬实。

烹煮方式：通常采用炖煮，或是做烤肉串。

D. 腱子肉（Shank）：

牛的前后小腿自膝盖以下去骨后，剔下来的束状肌肉群。因为四肢要负担牛全身的重量和运动，因此这个部位的肉纹理粗糙、质地结实，滋味浓郁鲜美，带有大量凝胶状结缔组织。

口感：肌肉非常结实，筋较多、较具嚼劲，筋煮后多汁充满嚼劲，口味香醇。

烹煮方式：适合炖汤、焖煮、红烧等细火慢炖的烹调方式，或绞碎制作加工品。

牛腱子肉

牛筋

E. 牛筋（Cowhells）：

牛筋是附在牛蹄骨上的韧带，分为双管和单管。良好的牛筋颜色洁白，外型丰厚且粗实挺直，表面无破损，质地坚韧，无臭味。

口感：含丰富的胶原蛋白，脂肪含量也比肥肉低，口感淡嫩不腻，弹牙富嚼劲。

烹煮方式：主要为焖煮、炖煮及红烧。

7 其他部位
Other parts

A.牛舌（Tongue）：

牛的舌头，长而扁平。牛舌不同的部位柔软度不同，前端红色色泽较深，吃起来比较硬，越往根部含油脂越多，也越柔软，品质也较好。

口感：口感特殊，肉质柔嫩，清脆软弹。

烹煮方式：适合涮肉、烧烤、炒等烹调方式。

B.牛颊（Cheeks）：

牛颊肉是取自牛头脸颊部位的肉，是牛平时咀嚼运动时所使用的部位，肉质类似于牛腱。

口感：含非常丰富的骨胶原，且胶质分布平均，久炖后口感滑软绵密、入口即化。

烹煮方式：因牛颊肉比较韧，适合长时间焖煮。

牛颊肉

C. 牛尾（Oxtail）：

牛尾是牛尾巴的统称。售卖时大多沿着关节切成短肉块，脂肪纹理适中，带有大量滋味丰郁的胶原蛋白，有大片骨头与脂肪，肉质韧。

口感：具细密的油花，口感细嫩，肉味香浓，软滑可口。

烹煮方式：最适合以小火长时间焖煮或炖煮，能带出丰润肉汁与鲜香美味。

牛尾

D. 牛膝（Ossobuco）：

取自牛小腿的部位，是带有骨头的牛腱。

口感：口感和风味与牛腱相同，具有丰富胶质，烹饪后肉质柔滑美味，口感丰富。

烹煮方式：适合整块焖煮或焖烤。

8 内脏
Viscera

A. 牛肝（Liver）：

牛内脏，含铁量比牛肉还高。

口感：具有强烈的独特味道，成牛牛肝质地较硬，小牛肝气味较淡，且质地滑顺。

烹煮方式：成牛牛肝适合采用焖煮或炖的烹饪方式；小牛肝则适用于用黄油油煎、烧烤或进烤箱烘烤。

牛肝

B. 牛肚（Tripe）：

牛肚

牛肚即牛胃。牛有四个胃，因为大小不同，一般市场上卖的是牛的瘤胃和网胃。第一个胃为瘤胃，可细分为表面平滑的干肚和像地毯的草肚，干肚口感较滑，草肚香气较多，是很多人喜欢的部位。第二个胃是金钱肚，表面呈蜂窝状，也就是俗称的蜂巢胃或称网胃。第三个胃为牛百叶，又叫毛肚，口感爽脆。第四个胃称为皱胃，是牛胃中最小的部位。

口感： 富含丰富的蛋白质、矿物质、维生素B_2，炖卤之后口感脆而不韧，好嚼易消化，适合各年龄人群食用。

烹煮方式： 适合焖煮或炖煮。

C. 牛肺（Bovine lung）：

口感： 口感黏滑。

烹煮方式： 适合焖煮或炖煮。

牛肺

D. 牛气管：

与牛肺相连的软骨管道。气管软骨部分比较硬，所以通常会切出花刀。

口感： 口感爽脆。

烹煮方式： 适合焖煮或炖煮。

牛气管

小牛胸腺

E. 小牛胸腺（Sweetbread）：

是小牛靠近喉咙的腺体，仅存在于三至六个月的小牛身上，是相当娇贵珍稀的食材。

口感： 口感丰腴松软、滑顺，如豆腐般软绵，味道细致独特。

烹煮方式： 可汆烫后烧。

怎么做牛肉比较软嫩？

　　"为什么我已花很长的时间炖煮牛肉，牛肉还是硬硬的？""为什么我炒出来的牛肉很容易变柴？"……在烹煮牛肉时，似乎有不少人都有以上的问题。有什么技巧使结缔组织较多的牛肉变软嫩呢？

机械绞碎 | 以机器绞碎牛肉块的过程中，能完全地将肉块中的结缔组织绞碎、切断，使肉的口感软嫩、易咀嚼。

敲打肉块 | 以专用松肉棰或擀面棍来捶打牛肉块，或以叉子在牛肉块上戳出小洞，来切断硬的肌肉组织，改变肉块中肌肉纤维的结缔，使口感变得软嫩。

腌渍嫩化 | 腌渍的腌料大多包含酒、醋、柠檬、姜蒜等香辛料或是香草等，这些腌料不仅可以去除牛肉的腥味，还能嫩化肉的结缔组织让口感更滑顺。腌料需注意应是增加、衬托牛肉的原味，不可过于强烈，以致喧宾夺主抢过牛肉的味道。

汤汁烹煮 | 运用煨、卤（炖）、焖煮、焖烤等方式烹煮，借此破坏牛肉的结缔组织与肌肉纤维，从而达到牛肉吃起来软嫩的口感。

牛肉的烹调法

烘烤（Roasting）

烘烤是一种高温、少油的烹调方式，所以最适合使用肉质较嫩的部位，因为烘烤所需的时间短，且不用担心高温烘烤后会被烤干。如果烘烤时使用的不是较嫩的部位，则需改用较低的温度慢慢烘烤，牛排的口感才不会过柴。烤箱可先用220℃预热，牛排用220℃高温烤20分钟，使肉表面上色；再将温度调降至160℃，继续烘烤。

煎（Frying）

油煎是常见的烹调方法，指用平底锅与少量的食用油快速烹调的方式。把油在锅中均匀加热到150℃~200℃，再将肉放进去，使肉表面成金黄色、咖啡或焦糖色，至微焦，并散发浓烈、特殊的焦香味。油煎时，肉下锅前要先用厨房纸巾吸干多余水分，否则会影响肉表面上色状况；且不可等到锅中油冒烟了才放肉，这样肉容易烧焦。

煎烤（Char-Grilling）

煎烤是一种使用底部有直纹凸起的铸铁煎烤盘或铸铁煎烤平底锅，以高温快速使牛肉两面烤出焦色的烹调方式。在肉下锅前，需先用高温将锅预热，并刷上一层薄薄的油以防肉粘锅。

炒（Stir-Frying）

炒是一种用圆炒锅或大平底锅，快速烹调肉丝、肉片、肉块的方式，一般中餐多采用此法。一般可分为清炒、爆炒、软炒（慢火温油）、熘炒（滑炒）、煸炒（熟炒）、干炒等。在锅内加少量的食用油，用大火加热油温至160℃~240℃左右，再放入食材后急速翻炒至熟。

烧烤（Grilling）

烧烤是把食材放置于较接近热源，是人类最原始的烹调方式。

焖煮（Braising）

将食材置于铁锅或厚重的烤盘里，在炉火或烤箱中进行加热的烹调方式称为焖煮。瘦肉或饱含结缔组织的部位，一般会采用焖煮的方式烹调，因为焖煮的时间较长，可使食材软烂、融合进汤汁中。

焖烤（Pot-Roasting）

焖烤与焖煮的做法类似，但不再添加汤汁，完全靠肉本身的油脂，所以用来焖烤的肉必须比焖煮的肉更具油花。焖烤是将食材先煎过上色，然后与提味的蔬菜放在密实带盖的铸铁锅或砂锅中，直接以火炉或烤箱加热。

炖（Stewing）

炖是一种加汤汁慢煮的烹调方法。炖煮时一般会先略炒调味蔬菜（中餐用葱姜，西餐用洋葱等），再加大量的高汤、水、啤酒或红酒和调味品，盖盖用小火慢煮到烂。炖煮很适合用来软化较硬的肉块或饱含结缔组织的部位。

特殊调味料

酱 料 | Sauces

松露酱
Truffle sauce

风味浓郁迷人适合做炖饭、意大利面等料理。

松露油
Truffle oil

松露的香气遇热会挥发，适合烹调完成后再滴上它。

伍斯特辣酱
Worcestershire sauce

味道酸甜微辣，黑褐色。可做腌肉酱料或肉类蘸酱。

墨西哥辣椒水
Tabasco sauce

红辣椒、天然醋等组成，形成独特辣中带微酸的滋味。

红酒醋
Red wine vinegan

葡萄汁发酵后的酒醋，入口带酸，可腌制食品或调味蘸酱。

梅林辣酱油
Worcestershire sauce

其味辛香酸甜，与油炸食品特别搭配，可中和炸物的油腻感。

泰式甜酱油
Seasoning sauce

可直接淋于餐点上使用，增加风味。

花生沙嗲酱
Peanut satay sauce

以花生酱和椰浆为基底，色泽橘黄，且辛、咸、甜味微妙平衡。

柱侯酱
Chu hou paste

广东名酱，色似甜面酱，豉味醇厚，主要用于肉类。

其他 | Other

棕榈糖
Palm sugar

东南亚天然甜味料，其血糖生成指数低的特性较适合注意身材和血糖值的人。

玉米塔可饼
Tortia

是墨西哥传统食品，可搭配牛肉馅、牛油果酱、酸奶等。

朴叶
Hooba

散发强烈香味的朴树蛋形叶片，在干燥处理后常用于料理上使用。

马苏里拉奶酪
Mozzarella cheese

含水量高，奶香浓郁，融化后的口感柔软滑顺、延展性强。

帕尔玛奶酪
Parmesan

是硬质奶酪的一种，常被用来搭配意大利面食使用。

马郁兰草
Marjoram

有薄荷与罗勒混合后的香气，地中海菜肴的基本香料。

香菜籽
Caraway seed

有水果般的清爽香甜气味，多用于腌肉去腥用。

法式香草风味料
Provence mixed seasoning

用于肉类、海鲜，可去腥提味；炖煮蔬菜需注意用量，否则抢了蔬菜的鲜甜。

意大利香料
Italian seasoning

口感温和，富有地中海清新芳香的味道，是意大利面食常见调味料。

匈牙利红椒粉
Paprika powder

味道温和略带辣味；是天然的染料，可为菜肴增添鲜艳的颜色。

墨西哥香料
Mexico chili powder

混合多种干辣椒与茴香子、牛至等，具蒜味、辛辣刺激芳香与咸味。

马沙拉香料
Masala

混合香料配方，经常与咖喱搭配调味，香中带辣。

坦都里香料粉
Tandoori masala

"Tandoor"指印度烧烤的泥窖。香而不腻，腌肉时可加上酸奶腌渍。

芒果马沙拉香料
Chat masala

如梅粉般咸甜，常与柠檬汁调配成酱料，可拌于蔬菜、沙拉中。

香草 | Herb

迷迭香
Rosemary

适合所有肉类，对于消除肉腥及增加芬芳效果很好。

香菜
Coriander

又称芫荽，是中式菜、泰国菜、越南菜常见的增味香草。

香茅
Lemongrass

东南亚普遍使用的香料，味道清爽迷人，能让口味厚重的菜肴变得清爽。

水田芥
Watercress

味道稍具呛味，能减少肉的油腻，生食则清爽，常用于汉堡；用于汤品像淡味的香椿。

薄荷
Mint

气味芳香，既可作调味剂，又可作香料，能增进食欲。

百里香
Thyme

香气温和沉稳，仅用海盐、胡椒调味，能为料理带来厚实香味。

山萝卜叶
Chervil

又称香叶芹、法式香菜，带有淡淡的甘草和茴香味。

常见高汤、酱料及配菜做法

牛高汤　分量 1500ml

[材料]

牛骨　1500g　　　　大蒜片　50g
洋葱丝　110g　　　　香芹　20g
胡萝卜片　100g　　　月桂叶　2 片
西芹片　60g　　　　水　3500ml
番茄块　100g

[做法] ❶ 烤箱先 200℃ 预热。❷ 将牛骨放置于烤盘上，入烤箱烤约 15 分钟至上色。❸ 另取一烤盘，放入所有蔬菜及大蒜淋上橄榄油，入烤箱烤约 15 分钟。❹ 将做法 ❷、❸ 中的所有材料、香芹、月桂叶放入汤锅中，加入冷水，开大火煮至微沸并捞除浮沫；转小火熬煮约 6 小时后取出牛骨，再过滤掉熬汤蔬菜即可完成。

鸡高汤　分量 800ml

[材料]

鸡骨　1200g　　　　百里香　1 小株
洋葱　80g　　　　　月桂叶　2 片
胡萝卜　50g　　　　水　1200ml
西芹　50g　　　　　盐　10g
青蒜　50g　　　　　白胡椒粒　2g

[做法] 将鸡骨汆烫后洗净，放入汤锅内，放入所有材料，开大火煮至微沸并捞除浮沫；转小火熬煮 4 小时后，过滤掉熬汤蔬菜即可完成。

柴鱼高汤 分量 1500ml

[材料]

海带 20g
水 800ml
柴鱼花 60g

[做法] ❶ 将海带泡入冷水中五六小时，再倒入锅中一起煮，至锅中有小气泡产生（50～60℃）后取出。❷ 再将汤煮沸后关火，撒入柴鱼花，盖上盖子闷8～10分钟，将柴鱼花过滤出来即可完成。

红酒酱汁 分量 250ml

[材料]

无盐黄油 40g
红葱头 50g
砂糖 30g
红酒 160ml
月桂叶 1 片

百里香 1 小株
大蒜 1 瓣
牛肉骨汁 200ml（详见第30页）
盐 适量

[做法] ❶ 锅中放入20g黄油加热，加入红葱头炒香炒软，加入糖、红酒、月桂叶、百里香、大蒜一起煮，至红酒剩下1/3的量；再加入牛肉骨汁煮二三分钟后过滤。❷ 过滤后再加热，起锅前再加入剩余的黄油，快速搅拌后加盐调味即可完成。

牛油果酱 分量 200g

[材料]

牛油果 1 个
青柠汁 30ml
红葱头碎 50g
香菜末 10g

烤过的大蒜 2 个
墨西哥绿色辣酱 适量
盐 适量

[做法] ❶ 大蒜放入烤箱180℃烤20分钟。❷ 牛油果切块泡醋水，防止变色。❸ 将牛油果捞起沥干，在盆中加入牛油果及剩余材料充分搅拌，并将大蒜与牛油果捣碎即可完成。

牛肉骨汁　　分量 1200ml

[材料]

牛骨　1500g	西芹碎　40g	百里香　1株
番茄糊　30g	红葱头片　30g	橄榄油　100ml
面粉　适量	大蒜片　10g	牛高汤（或水）
碎牛肉（或牛肉馅）250g	番茄　70g	4000ml（详见第28页）
胡萝卜碎　200g	青蒜　35g	
洋葱碎　120g	蘑菇片　20g	
	意大利香芹　10g	

[做法]　❶烤箱180℃预热。将牛骨放在烤盘上，抹上番茄糊，撒上面粉，淋油入烤箱烤上色；碎牛肉煎上色备用。❷橄榄油热锅，放入胡萝卜片炒至焦黑，再放入洋葱碎、西芹碎、红葱头片、大蒜片、番茄、青蒜、蘑菇、香芹、百里香翻炒至香气散发，加入牛高汤、牛骨及碎牛肉小火熬煮8～12小时，再用细滤网过滤即可完成。

苹果醋酱　　分量 550g

[材料]

香醋　300ml	洋葱泥　100g
番茄酱　600g	苹果泥　100g
日本香醋　250ml	嫩姜泥　30g
牛排酱　150g	砂糖　50g
红酒　400ml	

[做法]　❶将香醋、番茄酱、日本香醋、牛排酱加入锅中煮至微沸。❷起另一锅加入红酒、洋葱泥、苹果泥、姜泥、糖煮10～15分钟；加入做法❶的材料混合煮沸即可完成。

褐色洋葱酱　　分量 100g

[材料]

橄榄油　40ml	巴沙米可醋　20ml
紫洋葱丝　250g	红酒醋　20ml
红酒　80ml	砂糖　50g

[做法]　炒锅中放入橄榄油、小火将洋葱炒软，加入其他材料煮至微收干即可完成。

奶油香草酱汁　分量 140g

[材 料]

鲜奶油　100ml　　　　酸黄瓜碎　10g
新鲜茴香　5g　　　　　大蒜碎　5g
意大利香芹　5g　　　　酸豆　10g
柠檬汁　10ml

[做 法] 将所有材料混合拌匀即可完成。

塔塔酱　分量 280g

[材 料]

鳀鱼　5g　　　　　　煮鸡蛋　1 颗
红心橄榄　20g　　　　蛋黄酱　200g
酸黄瓜　15g　　　　　香芹粉　2g
洋葱　50g　　　　　　柠檬汁　3ml

[做 法] 将鳀鱼、红心橄榄、酸黄瓜、洋葱、煮鸡蛋切碎后，与蛋黄酱、香芹、柠檬汁充分混合即可完成。

酸奶酱　分量 45g

[材 料]

酸奶　40g
柠檬汁　适量

[做 法] 将酸奶放入容器中，滴入柠檬汁拌匀即可完成。

莎莎酱　分量 120g

[材 料]

番茄丁　100g　　　　大蒜末　10g
盐　适量　　　　　　香葱末　20g
糖　适量　　　　　　香菜末　10g
洋葱碎　50g

[做 法] 将番茄丁放入盆中，撒入盐、糖搅拌，再拌入洋葱碎及大蒜末、葱末，挤入柠檬汁，最后撒入香菜末即可完成。

土豆泥 分量 150g

[材料]

土豆　1 颗	肉桂粉　1g
盐　适量	无盐黄油　60g
鲜奶　70ml	胡椒　适量

[做法] ❶ 冷水中放入土豆、盐，开火将土豆煮至筷子能穿透即可捞起。❷ 将土豆去皮后放入搅拌盆内，加入热牛奶、肉桂粉、黄油，用打蛋器搅打至滑顺无颗粒状，最后以盐、胡椒调味即可完成。

溏心蛋 分量 6 颗

[材料]

鸡蛋　6 颗	鲣鱼酱油　180ml
盐　15g	味醂　40ml
开水　300ml	米酒　25ml

[做法] ❶ 将鸡蛋用细叉先轻刺一个小洞。❷ 煮一锅水放入盐，再放入鸡蛋中火煮 6 分钟，取出后泡冰水降温去壳。❸ 在容器中放入水、鲣鱼酱油、味醂、米酒调匀，将蛋浸渍 8 ~ 10 小时即可完成。

腌制泡菜 分量 80g

[材料]

胡萝卜丝　30g	白醋　80ml
白萝卜丝　30g	砂糖　40g
大蒜末　10g	盐　6g
辣椒片　10g	

[做法] ❶ 胡萝卜与白萝卜放入盆中，撒上盐略抓至出水。❷ 白醋入锅煮热后加入砂糖搅拌均匀，趁热倒入做法 ❶ 中浸泡约 1.5 小时，将萝卜捞起后放置容器中并拌入辣椒片及大蒜末即可完成。

炸南瓜丝　分量 60g

[材料]

南瓜　60g
油　200ml

[做法] 将南瓜切成细丝，放入 180℃油中炸至金黄上色即可完成。

烤大蒜　分量 2 颗

[材料]

大蒜　2 颗（整颗带皮）　　海盐　适量
黄油　10g　　　　　　　　白胡椒　适量
橄榄油　10ml　　　　　　　铝箔纸　适量

[做法] ❶ 烤箱 180℃预热。❷ 将大蒜上半部切开，抹上黄油，再撒上海盐及胡椒，最后淋上橄榄油，用铝箔纸包起，放入烤箱烤约 30 分钟至金黄褐色即可完成。

炒酸菜　分量 160g

[材料]

橄榄油　15ml　　　　　　酱油　5ml
姜末　20g　　　　　　　　糖　20g
辣椒碎　10g　　　　　　　鸡高汤　20ml（详见第 28 页）
酸菜芯丝　150g

[做法] 姜末、辣椒碎入锅炒香，放入酸菜丝翻炒，加入酱油、糖、高汤微翻炒 3 ~ 5 分钟即可完成。

温泉蛋　分量 3 颗

[材料]

鸡蛋　3 颗
水　650ml

[做法] 将 500ml 水煮沸后关火，加入 150ml 冷水，放入鸡蛋后盖上盖子闷 12 分钟，取出后冷却 5 分钟即可完成。

Chapter
01

欧洲

西欧

西欧泛指欧洲西半部,狭义上指欧洲西部濒临大西洋的地区和附近岛屿。西欧的菜色与烹调方式除了取材自天然环境所出产的蔬果、畜牧食材外,其具有文艺深度的独特古典皇室背景,也让西欧的烹饪与饮食文化更具有精致与艺术的美学。

2 英国
United Kingdom

1 法国
France

1 法国

　　法国菜是一种源于法国,并在全世界广为流传的烹饪系统。法国菜重视烹饪方法和就餐礼仪,葡萄酒和奶酪是不可或缺的佐餐配点与烹饪调味料。法国各地出产450多种不同风味的奶酪,各地区根据其特产,也具有不同特色。南方沿海多使用橄榄油,南方、西方沿海多水产,北方、东方则多肉食。除了跟华人一样会享用内脏料理外,法国特色菜还有青蛙腿、炖鸡、法国蜗牛、油封鸭;主食主要是面包,具有法国特色的面包有牛角包和棍式面包。正统的法式料理很讲究上餐顺序,一般而言第一道菜是开胃浓汤,然后是冷盘,接着才是主菜,最后是甜点;面包和酒品随时取用。不同的用餐阶段与配菜会选择不同的酒,简单的判断方式是餐前饮用利口酒开胃;餐中水产和禽类菜配白葡萄酒,肉类菜配红葡萄酒;甜点亦有甜酒和溶入酒品的热可可做搭配。

2 英国

　　英国所处的温带气候、岛屿地理位置和它的历史脉络,决定了它在烹调文化上相较法国更为简单,这与主张虔诚、自律、严谨的宗教信仰有关,因此英国的料理避免较复杂的酱汁与烹饪方式。朴实的风味和高质量的自然食材是英国菜的基础,古老传统膳食除了以大蒜作调味,还有面包和奶酪、烤和炖的肉制品和馅饼。较近代的特色美食包括炸鱼、薯条、馅饼、香肠、薯泥与肉(酱)汁的搭配。另外,英国人好饮茶,对于茶饮的讲究有时更胜过主餐,举世闻名的"下午茶"文化,就是源自于英国。

French Country Vegetables Stewed Beef

法式乡村野菜炖牛肉

时间 准备 3.5 h 料理 15 min | 饮品 黑皮诺干红葡萄酒 | 分量 1~2人

法式乡村野菜炖牛肉属于法国平民传统料理，着重在选料新鲜，做法简单，是家庭式的菜肴，在1950~1970年间最为流行。法国乡村菜不同于我们认知中的法式料理，它的特色在于凸显一个地方的风土民情和历史文化，因就近取材、烹调方式简单，呈现出的是朴实、原汁原味。

[材料]

牛腩条　200g
牛肩胛　100g
牛腱　100g
橄榄油　30ml
洋葱块　200g
胡萝卜块　100g
西芹块　100g
番茄块　250g
白胡椒粒　5g
百里香　5g
月桂叶　1片
土豆块　120g
意大利香芹　1株
盐　适量
胡椒　适量

[做法]

❶ 稍微去除所有牛肉表面的筋，切成3cm见方的肉块备用（见图1）。

❷ 取一大炖锅，倒入七分满的水，煮沸后放入所有牛肉汆烫，当杂质浮起来时，即可捞出用冷水洗净备用。

❸ 炖锅中加入橄榄油，放入洋葱块炒香，再依次加入胡萝卜块、西芹块拌炒，最后加入番茄块稍微翻炒（见图2）。倒入冷水至炖锅七分满（见图3）。

❹ 放入白胡椒粒、百里香、月桂叶及牛肉后，开大火加热至微沸后转小火炖煮约3小时（见图4）。

❺ 途中捞去浮沫，再加入土豆块煮约25分钟。

❻ 起锅前加入香芹及盐、胡椒调味即可完成。

Tips

搭配烤法国面包一起食用，就能享受浓浓的法国乡村风情喔！

鸭肝小牛胸腺
佐红酒松露汁

| 时间 | 准备 25 min 料理 25 min | 饮品 | 维利纳皮诺塔干红葡萄酒 | 分量 | 1人 |

略带肉汁的小牛胸腺，搭配口感细致绵密、油脂丰富的鸭肝，再淋上浓郁的松露酱汁，不仅中和了肥腻感，还让味道千变万化。以红酒与蔬菜熬煮出的酱汁，松露味突出却不会盖过肉味。迷迭香还为红酒松露酱汁带来芬芳的香味，与红酒的甘甜达成完美的平衡。

[材料]

小牛胸腺　220g
红酒酱汁　100g（详见第29页）
松露酱　25g
松露油　10ml
无盐黄油　60g
意大利香芹碎　30g
红葱头碎　50g
鸿喜菇　70g
玉米笋　1根
绿芦笋段　50g
橄榄油　30ml
迷迭香　1株
鸭肝　70g
面粉　适量
盐　适量
黑胡椒　适量

配菜❶ 炒蔬菜小丁	
橄榄油	30ml
大蒜末	10g
红葱头碎	50g
胡萝卜丁	40g
绿节瓜丁	50g
黄甜椒丁	50g
紫洋葱丁	60g
黑橄榄丁	30g
高汤	30ml

配菜❷ 松露脆薯条	
薯条	120g
松露酱	20g
卡宴辣椒粉	1g
盐	适量
黑胡椒	适量
香芹叶	适量

Tips

鸭肝放凉后会有油腻感，必须趁热食用。

[做法]

❶ 小牛胸腺撒上盐、胡椒，蘸取适量面粉后，放置室温静置30分钟备用。

❷ 将红酒酱汁、松露酱、松露油混合后煮沸，离火放入黄油30g快速搅拌后，撒入香芹碎即完成酱汁。

❸ 炒锅放入橄榄油将红葱头碎、大蒜末炒香，再放入胡萝卜丁、绿栉瓜丁、黄甜椒丁、紫洋葱丁、黑橄榄丁、高汤拌炒，调味后撒入香芹碎即可完成配菜❶。

❹ 鸿喜菇、玉米笋、芦笋段氽烫后，用橄榄油清炒备用。

❺ 橄榄油热锅，放入小牛胸腺煎至表面上色（见图1），入烤箱180℃烤二三分钟。取出后在锅中放入黄油30g及迷迭香，将化开的黄油淋在肉上，重复此动作8~10次（见图2），取出小牛胸腺静置5~8分钟。

❻ 薯条入油锅炸酥取出，与松露酱、辣椒粉、盐、黑胡椒拌匀，最后撒上香芹粉完成配菜❷（见图3）。

❼ 鸭肝撒上盐、胡椒，蘸取适量面粉后，入锅煎至上色后转小火再煎约2分钟（见图4），取出后用厨房纸巾吸取多余油脂备用。

❽ 将小牛胸腺周围铺上做法❹的蔬菜，鸭肝放置于肉上方淋上酱汁，盘边搭配松露薯条、炒蔬菜小丁即可完成。

French Classic Steak Diane

法式经典戴安娜牛排

| 时间 | 准备 35 min 料理 15 min | 饮品 | 蒙宝酒庄红葡萄酒 | 分量 | 1人 |

　　戴安娜牛排起源于20世纪的法国，浓厚的酱汁是它的一大特色。据说，戴安娜牛排最初是人们打猎回来后烹饪猎物的一种方法，由于罗马神话中狩猎女神的名字为戴安娜，因此而得名。烧煎过的菲力牛排，再放入红葱头、第戎芥末酱、伍斯特辣酱与牛肉原汁等熬成的酱汁中煨煮，吃起来柔软香醇，相当可口。

[材料]

牛菲力　200g
盐　适量
黑胡椒　适量
伍斯特辣酱　20g
第戎芥末酱　15g
番茄糊　20g
橄榄油　30ml
无盐黄油　30g
红葱头丁　20g
干邑白兰地　50ml
鲜奶油　80ml
意大利香芹　1株
牛肉骨汁　80ml（详见第30页）

配菜❶ 橙汁胡萝卜条

柳橙汁　100ml
砂糖　20g
胡萝卜条　80g
黄油　15g
盐　少许
柠檬　1颗
香芹叶　1g

配菜❷ 脆煎薯饼

高汤　50ml
面粉　50g
鸡蛋　1颗
盐　适量
黑胡椒　适量
土豆丝　40g
紫洋葱丝　50g
胡萝卜丝　30g
培根条　50g
香菜　5g
橄榄油　适量

[做法]

❶ 将牛菲力横切成两片，撒上盐、胡椒，室温静置20～30分钟备用。

❷ 在盆中放入伍斯特辣酱、芥末酱、番茄糊混合搅拌均匀备用。

❸ 煎锅中放入橄榄油及黄油块，中火加热至溶化，再转大火后放入牛排煎约二三分钟，过程中反复翻面（见图1），取出牛排放于盘中，盖上保鲜膜静置约3分钟。

❹ 另取一炒锅，放入红葱头丁炒香，加入白兰地煮至微收干，加入做法❷的混合酱汁、鲜奶油及牛肉骨汁，煮约2分钟至浓稠，撒上意大利香芹完成酱汁。

❺ 将胡萝卜条汆烫至半熟，另起锅放入柳橙汁和砂糖煮至糖溶化，放入胡萝卜条煮二三分钟，撒入盐及黄油拌匀，滴入柠檬汁、撒入香芹叶完成配菜❶（见图2）。

❻ 取一盆放入高汤、面粉、鸡蛋、盐和胡椒混合搅拌均匀成面糊。再放土豆丝、紫洋葱丝、胡萝卜丝、香菜、橄榄油入面糊中拌匀（见图3）。取煎锅放入橄榄油，培根条入锅煎，再放入蔬菜面糊煎至两面上色完成配菜❷（见图4）。

❼ 将静置完成的牛排淋上酱汁，搭配配菜❶、配菜❷即可完成。

Beef Meatballs with British Tomato Sauce

英式番茄酱牛肉丸

| 时间 | 准备 1 h 料理 12 min | 饮品 | 圣约瑟夫红葡萄酒 | 分量 | 2～3人 |

番茄酱汁炖肉丸是西欧肉丸子的经典吃法，变化多元，可以是猪肉、牛肉、羊肉，甚至还有鱼肉制作的丸子。加入面包粉是维持肉丸多汁的小秘诀，面包粉会吸收水分，让肉丸子不至于干巴巴，在热乎乎的炖锅中，一个个鲜嫩多汁的小肉丸，搭配番茄酱汁，汁水四溢。

[材料]

色拉油 60ml
洋葱丁 180g
意大利香芹碎 40g
大蒜末 20g
牛肉馅 300g
蛋黄 2颗
盐 适量
黑胡椒粗粉 适量
面包粉 40g
黑橄榄片 30g
切碎番茄 650g（罐头）
高汤 200ml
柠檬 1颗
香菜 10g

[做法]

1. 热锅放油30ml将100g洋葱丁炒香，加入意大利香芹碎拌炒，再加入蒜末快速拌炒后取出放冷备用。

2. 取一大盆，放入牛肉馅、蛋黄、盐、黑胡椒粉、面包粉、意大利香芹及做法 1 中已冷却的洋葱丁（见图1），用手抓匀轻拌，做成约60g的肉丸子，放于铁盘内，入冰箱冷藏1小时（见图2）。

3. 热锅放入油30ml，把肉丸子入锅煎炸至表面上色、有香气后取出（见图3）。

4. 在锅中放入剩下的80g洋葱丁炒香，再加入黑橄榄片、番茄酱汁、高汤，以中小火煮至微沸，放入牛肉丸煮五六分钟（见图4）。

5. 起锅前刮入柠檬皮碎及果肉，撒上意大利香芹及香菜即可完成。

Tips

若觉得番茄酱汁太酸，可依个人喜好加少许糖。

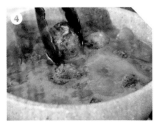

Spicy Beef Stir-fried Spaghetti

辣味牛肉炒意面

| 时间 | 准备 25 min 料理 15 min | 饮品 | 意大利佩罗尼啤酒 | 分量 | 1人 |

意大利面统称Pasta，原意是"经搓揉过的面团"，意大利面种类繁多，搭配酱汁和不同的食材后，所变化出的组合，可做出数以百计的意大利面料理。辣味牛肉炒意面是属偏清爽的意大利面做法，简单地以橄榄油清炒蒜末、辣椒，不仅能吃到意大利面面条的麦香，更能展现牛肉的美味。喜爱橄榄油的清香原味，大蒜、辣椒的浓郁扑鼻香气，以及牛肉清甜味的你，请务必尝试这一道简单料理。

[材料]

嫩肩里脊牛排　100g

腌料
伍斯特辣酱　40g
大蒜　10g
砂糖　15g
意式综合香料　1g

橄榄油　60ml
细扁面　80g
洋葱丝　60g
大辣椒片　5g
干辣椒粗片　1g
大蒜末　15g
小番茄　40g
鸡高汤　120ml（详见第28页）
意大利香芹碎　8g
辣油　2ml
盐　适量
胡椒　适量
卡宴辣椒粉　1g

[做法]

❶ 将牛里脊肉切成约1.5cm厚片（见图1）。

❷ 牛里脊肉片用拌匀后的腌料腌渍20分钟。

❸ 煮一锅水，加少许盐、橄榄油，煮沸后放入面条煮约8分钟捞起，拌入少许橄榄油放冷备用。

❹ 橄榄油热锅炒香洋葱丝、辣椒片、干辣椒粗片、大蒜末，炒出香味、辣味，再加入牛肉快炒约2分钟（见图2）。

❺ 加小番茄翻炒后，加高汤及面条，炒约2分钟，起锅前加盐、胡椒、意大利香芹、辣油及辣椒粉调味，快速翻炒后起锅盛盘（见图3）。

东欧

东欧受位置影响，气候的特征是最冷月平均气温皆在零度以下；夏季则因地处内陆，缺乏水气调节而显炎热。因此高纬度的天然农作物如小麦、土豆、甜菜、向日葵，以及畜牧养殖业是食材主要来源。也因为气候使然，比较油腻、口味重的高蛋白质与高淀粉饮食，和能带来热量的香辛料与酒类构成了东欧饮食文化的特色与基础。

俄罗斯
Russia

匈牙利
Hungary

① 匈牙利

　　匈牙利料理以多样化的肉类及鱼类为主，搭配当地丰盛的水果、蔬菜及调味料。因多瑙河、提萨河和中欧最大内陆湖巴拉顿湖鱼类丰富，所以匈牙利鱼汤非常有名。通常匈牙利菜口味较重，红椒粉在匈牙利菜中是最主要的调味料，酸黄油则扮演第二重要的角色，通常被加入汤及肉类菜肴中，或是加在沙拉里。有名的匈牙利菜有匈牙利牛肉汤（Gulyas）、甘蓝菜肉卷（ToltottKaposzta）、红椒鸡（CsirkePaprikas）、鱼汤（Halaszle）、金黄色鸡汤（UjhazyTyukhusleves）、炖肉（Porkolt）等。

② 俄罗斯

　　俄罗斯饮食多以鱼肉、猪肉、家禽、鱼子酱、蘑菇、浆果、蜂蜜等为主食材。因外国的饮食文化传入俄罗斯，并和当地的食材结合，创造出俄罗斯独特的饮食文化。在古代，俄罗斯菜还受到了中亚地区影响，包括波斯和奥斯曼帝国。到了17～18世纪，受到欧洲影响，俄罗斯人引进了一些西欧烹饪技术，比如烟熏肉类或鱼类，以及沙拉、巧克力和烈酒。俄罗斯菜具有代表性且常见的一道菜肴是"罗宋汤"，多以甜菜为主料，常加入土豆、胡萝卜、菠菜和牛肉块、黄油等熬煮。

Vegetables Stewed Oxtail in Red Wine

鲜蔬红酒炖牛尾

| 时间 | 准备 25 min 料理 3 h | 饮品 | 克罗兹－艾米达基干红葡萄酒 | 分量 | 6~8人 |

香醇的红酒与新鲜蔬菜炖煮出的酸甜味，再加上炖到软烂的牛尾，在凉凉的天气吃最适合了，每一口都尝到胶质丰腴的滑润口感，带有红酒甘醇的浓郁酱汁。这道菜可以炖好后直接吃，如果过夜闷泡会更入味，肉质更软嫩。

[材料]

牛尾　1500g
盐　适量
胡椒　适量
橄榄油　40ml
红葱头丝　60g
洋葱片　250g
西芹块　80g
胡萝卜块　80g
料理红酒　750ml
牛高汤　1500ml（详见第28页）
番茄块　80g
百里香　1小株

配料　熟鸡蛋面　180g
　　　土豆泥　100g（详见第32页）

[做法]

① 将牛尾洗净后用纸巾擦干备用（见图1）。

② 牛尾均匀撒上盐、胡椒，锅中加入橄榄油，放入红葱头丝中火慢炒至上色后捞起，将牛尾油脂的部分朝锅里放下，分批煎至整块上色后取出备用（见图2）。

③ 锅子不洗直接加入少许油，放入洋葱片、西芹块、胡萝卜块炒约5分钟至软化微上色，将蔬菜捞起备用。

④ 锅子依旧不洗并注入红酒，大火煮沸，红酒保持微沸浓缩煮至剩下约150ml（见图3）。

⑤ 将牛尾放回锅内，加入高汤至刚好盖过牛尾，放入番茄块、百里香，盖上锅盖保持微沸炖煮约2小时。

⑥ 牛尾炖煮2小时后放入做法③中的材料，再煮30~40分钟，炖煮过程中捞除浮沫及多余油脂，起锅前加盐、胡椒调味，再配上煮熟的鸡蛋面条及土豆泥即可完成。

Tips

加入红酒时，到达一定的燃点，锅子上方会燃烧，这时要等待酒精挥发完毕，只留下酒香味。

Hungarian Goulash Soup

匈牙利牛肉汤

(时 间) 准备 10 min 料理 1.5 h | (饮品) 匈牙利果汁 | (分 量) 2~3人

　　匈牙利的饮食兼受东西方文化习俗的影响，可谓世界性的风味融合。Gulyás一词原本意为"放牛的人"，匈牙利汤则被称作"gulyáshús"（意为"牧牛人烹制的肉"），如今gulyás一词既指牧牛人，也指这种匈牙利汤。最原始的匈牙利牛肉汤主要材料是牛肉，加上丰富的土豆、蔬菜、炒过的洋葱及小面团，并加上大量的红椒粉，又经改良，让匈牙利牛肉汤更具风味，即使并非饥肠辘辘时，也肯定禁不住诱惑，必须品尝一番才可。

[材料]

猪油　30g

洋葱片　60g

大蒜　20g

青椒丁　60g

口蘑丁　60g

牛肩肉　400g

匈牙利红椒粉　2g

牛高汤　2000ml（详见第28页）

马郁兰草碎　2g

香菜籽　3g

红酒醋　30ml

切碎番茄　80g（罐头）

番茄碎　50g

土豆丁　100g

色拉油　适量

[做法]

❶ 将牛肩肉切成1cm见方的肉块，再加入少许油拌匀备用（见图1）。

❷ 炒锅中放猪油热锅，加入洋葱片、大蒜、青椒丁与口蘑丁，炒至香味散出，且蔬菜软化。

❸ 加入牛肉继续翻炒至微上色，撒入红椒粉再翻炒1分钟（见图2），倒入牛高汤炖煮至微收干（见图3）。

❹ 锅中再放入马郁兰草碎、香菜籽、红酒醋、番茄碎及番茄罐头熬煮约1小时至软烂（见图4）。

❺ 最后加入土豆丁煮至熟透即可完成。

Classic Borscht

经典罗宋牛肉汤

| 时间 | 准备 15 min 料理 40 min | 饮品 | 俄罗斯三熊啤酒 | 分量 | 3 ~ 5人 |

罗宋汤的由来说法不一，但 "罗宋汤" 一词是 "苏俄汤"（Russian soup）的译音。罗宋汤是以多种蔬菜熬煮的汤品，有些会加入牛尾熬煮，有些则加入大骨。罗宋汤流传至世界各地后也发展出了不同特色，这里要介绍的是较偏向乌克兰做法的罗宋汤，以甜菜来呈现汤品的紫红色泽，这样别具特色的汤品，一定要试试看！

[材料]

牛肋条　350g
盐　适量
胡椒　适量
橄榄油　80ml
紫洋葱丁　180g
红酒醋　200ml
牛高汤　4000ml（详见第28页）
胡萝卜　100g
白萝卜　100g
土豆　200g
番茄碎　300g
糖　180g
香菜籽　8g
豆蔻粉　5g
圆白菜丁　250g
甜菜根　200g（罐头）
意大利香芹碎　20g
酸奶　20g

[做法]

❶ 将牛肋条切小块（见图1），撒上盐、胡椒后入锅煎至半熟取出（见图2）。

❷ 橄榄油入锅，放入洋葱丁炒香，加入红酒醋煮至微收干（见图3）。

❸ 倒入牛高汤、牛肉块及红白萝卜、土豆、番茄碎，加入盐、糖、香菜籽、豆蔻粉、甜菜根炖煮30分钟（见图4）。

❹ 起锅前加入圆白菜丁煮约1分钟，食用前淋上酸奶，撒上香芹碎即可。

Tips

烹调时将甜菜罐的汤汁倒入汤中熬煮，色泽不仅更丰富，风味也更加浓郁喔！

Russian Rosemary Fried Beef Tenderloin

俄罗斯野菇炒菲力

（时间） 准备 15 min 料理 40 min ｜ （饮品） 俄罗斯三熊啤酒 ｜ （分量） 3 ~ 5人 ｜

　　口蘑富含各种维生素以及人体必需的氨基酸，口蘑、香菇与牛肉搭配的料理营养价值高、热量低，散发自然鲜味的菇类与香醇的牛肉，鲜美的滋味留在嘴里让人久久无法忘怀！酸奶是俄罗斯菜最重要的灵魂，淋上酸奶入口，不仅清爽了味蕾，还少了油腻感。

[材料]

牛菲力　360g

腌料
匈牙利红椒粉　3g
柠檬皮丝　10g
海盐　5g
黑胡椒粗粉　2g

橄榄油　20ml
大蒜末　10g
紫洋葱　250g
无盐黄油　20g
口蘑　80g
香菇　80g
干邑白兰地　20ml
鲜奶油　30ml
酸奶　40g
意大利香芹碎　15g
坚果面包　1个
小黄瓜片　50g

[做法]

❶ 将牛菲力切成1cm厚的宽片(见图1)。

❷ 牛肉片以腌料略拌匀，腌制约20分钟（见图2、图3）。

❸ 橄榄油中火热锅，放入大蒜末、紫洋葱炒至香软，加入无盐黄油、口蘑、香菇拌炒至菇类上色。

❹ 取一新炒锅，中火热锅后加入橄榄油，放入腌好的牛肉片快炒1分钟至上色，肉质需保持软嫩，再加入做法❸的材料快炒，淋上干邑白兰地后煮至微收干，起锅前加入鲜奶油。

❺ 最后淋上酸奶、撒上香芹碎，盛盘附上面包及小黄瓜片即可完成。

南欧

南欧是欧洲南部的简称，大多南欧国家靠近地中海；由于气候以及盛产橄榄油，因此活用橄榄油的南欧菜色，有一个大家耳熟能详的名字"地中海料理"。

①意大利
Italy

②希腊
Greece

③西班牙
Spain

---

① 意大利

　　"意大利料理"几乎等同以下名词：比萨、意大利面、帕尼尼热压三明治。其实以古罗马文化为基础的意大利，是个涵盖许多烹饪方式与菜色的国家；意大利本地的不同区域，也会因为多生产干酪或多种植橄榄树的差异，衍生出不同的特色料理。面食是主要基础，不过我们熟悉的"番茄"入菜，却是到十八世纪末才登场。值得一提的是，意大利面之所以会举世闻名，一大原因是意大利面所使用的杜兰粗粒面粉（semolina）是研磨自意大利出产的杜兰小麦（Durum wheat），这种小麦的麦粒结构、成分与一般小麦不同，蛋白质含量很高，而且其中的小麦谷蛋白（glutenin）以低分子量为主，因此面团的"面筋"弹性较差，又加上如"芸香素（rutin）"约是一般小麦的二三倍，进而构成了独特且久煮不易烂的金黄色面条。

---

② 希腊

　　提到"地中海饮食"就让人联想到希腊。希腊菜基本上以"油炸、烧烤"为主要烹饪法；非常浓厚的甜味也是一大特色，似乎跟大家想象中的"健康"饮食不一样。或许，是因为用橄榄油调和的沙拉、冷盘等料理更具特色，在国际上更广为流传，因而更具代表性。谈到希腊料理的特色，除了橄榄油之外，一大不可或缺的食材，就是既香浓又有一点独特腥香的"羊奶奶酪"。

---

③ 西班牙

　　西班牙料理大部分都有海鲜的踪影，例如西班牙海鲜饭。从上古以来，西班牙主要是种植橄榄树和葡萄，因此橄榄油和葡萄酒一直在餐桌上不可或缺。中世纪，由于伊比利亚半岛被伊斯兰人征服，一些中东普及的食材被带至西班牙，比如大米、菠菜和杏仁，著名的"西班牙大锅饭"正是在此期间面世。后来大航海时代，随着美洲新大陆的发现，西班牙人大量引进原产自美洲的植物，包括番茄、土豆、辣椒、可可……诸多造成我们对西班牙料理"酸、香、浓"印象的食材，都是这个时期打下的基础，例如以番茄和土豆为原料的西班牙冷汤，以及以喂食橡树子所养殖的"伊比利猪"，也是西班牙的名产！

Italian Cheese Stuffed Beef Roll

意大利奶酪牛肉卷

时 间 准备 15 min 料理 10 min | 饮 品 葡萄牙波特酒 | 分 量 1~2人

　　牛肉卷是以牛肩肉薄片，包着香芹、蒜头、葡萄干和马苏里拉奶酪等材料卷起，以肉勾或棉绳固定的料理；有些喜欢猪肉口感的那不勒斯人甚至会用猪皮代替牛肩肉，做成猪皮卷。比起家庭口味的牛肉块，牛肉卷因为卖相较佳，反倒在意大利餐厅较常看到，所以，这道料理也非常适合作为宴客菜肴呢！

[材料]

嫩肩里脊　280g

花生　30g

马苏里拉奶酪　100g

面包粉　60g

大蒜末　30g

意大利香芹碎　5g

迷迭香碎　10g

百里香碎　5g

葡萄干　20g

盐　适量

橄榄油　10ml

厨房棉绳　数条

红葱头片　15g

白酒　100ml

切碎番茄　150g（罐头）

黑胡椒　适量

综合生菜　1份

[做法]

❶ 用厨房纸巾将牛里脊肉擦拭干净，用肉锤略拍薄，切成5cm宽，8cm长长片（见图1）。

❷ 将花生、马苏里拉奶酪、面包粉、大蒜末15g、香芹碎、迷迭香碎、百里香碎、葡萄干、盐、橄榄油在盆中混合拌匀成内馅。

❸ 将牛肉片铺在砧板上，舀入拌好的内馅，卷起牛肉用棉绳固定绑紧（见图2、图3）。

❹ 热一炖锅倒入少许油，放入牛肉卷煎至均匀上色；红葱头片及大蒜末15g也放入锅中炒香，加入白酒小火煮约1分钟至微收干，放入番茄碎拌匀，最后以盐、胡椒调味（见图4）。

❺ 摆上综合生菜，牛肉卷切斜段，淋上锅中的酱汁装饰即可完成。

Peppery Tuscan Beef Stew

托斯卡纳胡椒炖牛膝

| 时 间 | 准备 25 min 料理 6.5 h | 饮 品 | 2012 年圣圭托格维达干红葡萄酒 | 分 量 | 4 ~ 6 人 |

说到红酒炖牛肉，大多数人知道的应该是勃艮第红酒炖牛肉，然而，在意大利也有道传统的炖菜——托斯卡纳胡椒炖肉。这道炖菜食材简单，主要是牛肉、红酒、黑胡椒和大蒜，传统大多采用牛腱部位，改用牛膝，让味道渗进胶质丰富的牛膝肉中，酒香和肉香在口中共舞。

[材料]

橄榄油　30ml
洋葱块　200g
大蒜末　100g
黑胡椒粗粉　20g
卡宴辣椒粉　4g
切碎番茄　100g（罐头）
牛膝　1500g
胡萝卜块　120g
迷迭香　20g
红胡椒粒　20g
月桂叶　1片
料理红酒　1500ml
牛高汤　1000ml（详见第28页）
盐　15g
意大利香芹　1小株

配料
水　2000ml
盐　适量
黄油　30g
土豆　1颗
香芹叶　5g
胡萝卜　1小条
烤面包　1份

[做法]

❶ 在炖锅中放入橄榄油热锅，放入洋葱块炒香炒软，接着放入大蒜碎拌炒约2分钟，加入黑胡椒炒至香味散发；再加卡宴辣椒粉及番茄碎继续拌炒。

❷ 加入牛膝及胡萝卜块、迷迭香、红胡椒粒、月桂叶、红酒、高汤、盐，炖煮的汤汁液体要没过牛膝，盖上锅盖开始炖煮（见图1）。

❸ 先以大火煮沸后，立即转小火保持微沸，熬煮五六小时至牛膝软烂（见图2）。

❹ 另煮一锅水，撒入一搓盐，放入黄油，煮沸后将土豆、胡萝卜放入煮熟，撒上香芹叶（见图3）。

❺ 炖锅中取出月桂叶及骨头，牛膝用汤匙弄散（见图4），将面包烤热后撕开，放上炖好的牛膝，撒上香芹，搭配炖煮的胡萝卜及土豆即可完成。

Tips

没有买到牛膝的话，可以用带骨牛小排来替代。

烤香料芥末肋眼牛

时 间 准备 10 min 料理 45 min ｜ **饮 品** 罗贝赫古堡干红葡萄酒 ｜ **分 量** 6～8人

　　芥末酱目前已是一种常见的酱料，有些人不太喜欢，因为它的味道比较呛。但其实芥末酱可以做出很多口味独特的美食，例如略带酸味的黄芥末，可以让料理摆脱油腻、提升香气。以低温慢慢烘烤时，能将甜美肉汁保留在牛肉中，使牛肉口感更为软嫩细致，与高温烧烤方式烧出的味道截然不同。

[材料]

肋眼牛排　600g

蒜瓣　8颗

海盐　5g

黑胡椒粗粉　5g

橄榄油　200ml

黄芥末酱　200g

卡宴辣椒粉　5g

牛至粉　3g

匈牙利红椒粉　3g

洋葱丝　400g

胡萝卜片　200g

百里香　1株

鸡高汤　200ml（详见第28页）

意大利香芹碎　1株

[做法]

❶ 用小刀尖将牛排侧面戳洞，将蒜瓣塞入牛排内，表面撒上盐、胡椒备用（见图1）。

❷ 橄榄油放入平底锅烧热，放入牛排将表面煎至上色有香气，每面煎约2分钟，取出置于烤网上（见图2）。

❸ 烤箱预热至130℃。

❹ 将黄芥末酱与卡宴辣椒粉混合拌匀，均匀涂抹在牛排上，表面撒上牛至粉、匈牙利红椒粉备用（见图3）。

❺ 在烤盘上铺上洋葱丝、胡萝卜片、百里香，最后摆上牛排，在烤盘边注入鸡高汤（见图4）。

❻ 放入烤箱先以200℃烤6分钟再以120℃烤30分钟，用温度计测试中心温度达到60～65℃为佳。

❼ 取出后将牛排静置10分钟，撒上香芹碎，上桌现切即可完成。

Baked Cheese Beef Lasagna

焗烤奶酪牛肉千层面

| 时 间 | 准备 20 min 料理 40 min | 饮 品 | 马西乐瓦白葡萄酒 | 分 量 | 2～3人 |

千层面可以说是意大利料理魂的展现，有大量奶酪、酱料、面皮与番茄，是意大利的家庭味。利用多层的面皮堆叠，内层夹上肉酱和奶酪，外表烤得金黄酥脆，奶酪经过焗烤，香味四溢，尝起来层次分明，口感丰富浓郁，难怪深受小朋友喜爱。

[材料]

千层面皮 200g
培根碎 2片
肉桂粉 3g
橄榄油 30ml
紫洋葱碎 75g
胡萝卜碎 30g
番茄碎 200g
大蒜 15g
牛肉馅 200g
猪肉馅 100g
月桂叶 1片
牛至 5g
百里香 3g
红酒 150ml
罗勒 30g
烘焙纸 1张
马苏里拉奶酪片 200g
帕尔玛奶酪 100g
意大利香芹 20g
综合沙拉 1份

白酱
鲜奶油 250ml
鲜奶 100ml
无盐黄油 40g
高筋面粉 40g
白酒 30ml
大蒜末 30g
白鲲鱼碎 200g
焗烤奶酪丝 50g

[做法]

❶ 炒锅中放黄油至融化后，加面粉炒成面糊，放入除奶酪丝以外的白酱材料，中火煮沸后转小火熬煮10～15分钟后关火，加入奶酪丝搅拌均匀，移至阴凉处冷却备用（见图1）。

❷ 煮一锅热水，将千层面皮烫3分钟，取出放置盘中备用，每层淋上些许橄榄油，避免粘黏。

❸ 将炖锅中火加热，放入培根碎炒香，撒入肉桂粉炒至上色取出备用。

❹ 原锅培根油加入洋葱碎炒香，依序放入胡萝卜碎、番茄碎、大蒜末15g翻炒后，再加入牛肉馅、猪肉馅、月桂叶、牛至、百里香翻炒后离火备用（见图2）。

❺ 加入红酒煮至微收乾，再加白酱、九层塔，煮滚后转小火熬煮15～20分钟，捞除九层塔后放冷备用；烤箱先预热180℃。

❻ 将烤盘底部抹上少许油，铺上烘焙纸，淋少许橄榄油，铺上一层面皮，舀入做法❹的面酱，撒上马苏里拉奶酪；再铺上面皮、面酱……重复此动作三四次，最后再撒上奶酪丝、培根碎（见图3）。

❼ 放入烤箱烤25～30分钟，让奶酪呈现金黄上色。最后在千层面撒上香芹、帕尔玛奶酪，搭配综合沙拉即可完成（见图4）。

Tips

建议罗勒可用滤网或纱布装起，方便捞起去除。

早期的北美洲饮食文化相对单纯，主餐以面包为主，搭配其他肉类菜肴。但随着大量的移民移居，料理也变得较为多元，同时存在着美式食物、区域性美国菜（例如加州料理、夏威夷料理等），以及受各国移民影响的各国料理。香料及材料有着非常浓厚西班牙及非洲色彩的古巴料理，以玉米饼皮（Tortillas）、豆子（Frijoles）及青椒（Chiles）为主的墨西哥料理，以大米和玉米为主食的巴拿马料理等也都各具特色。

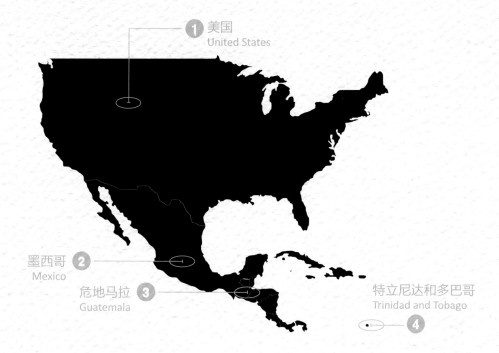

1 美国
United States

墨西哥 2
Mexico

危地马拉 3
Guatemala

特立尼达和多巴哥
Trinidad and Tobago

4

1 美国

　　美国的前身是英国殖民地，英式文化在美国菜中一直占主导地位。然而，由于工业与商业发展迅速，相较于讲究传统文化美学的欧洲，美国的饮食风格更注重效率与功能，因此也衍生出行销全球的炸鸡、汉堡等"速食文化"。面包、牛奶、鸡蛋、果汁、麦片、咖啡、香肠等现成方便取用的食物，是美国人三餐的基础；相较于早、午餐可能以简单的三明治打发，美国人较注重晚餐；肉类排餐、烧烤或油炸的鲜鱼与家禽，佐以土豆泥、水煮青豆或蔬菜，是非常居家的美国家常菜。美国广纳多元文化，外来移民带来的菜色也在美国落地生根，发展出独特的变化，像日本寿司在美国结合牛油果等当地食材，摇身一变成为"加州卷"，可见族群融合的巧妙与创意。

2 墨西哥

　　墨西哥是文明古国，传承了玛雅、阿兹特克的特色，口味浓厚、色彩绚丽。以玉米、辣椒、土豆、可可豆为主食，后又以海鲜料理和多种清爽可口的蘸酱赢得了天下食客的味蕾。3000年前，墨西哥的旅行者把各种原料从中国、印度、欧洲带回了墨西哥，并与墨西哥的传统菜肴相结合，从而产生了今天令人叹为观止的900多种美味的墨西哥菜肴。墨西哥菜以酸辣为主，主要食材是辣椒和番茄，另外玉米是餐桌上的主食，衍生制成的副食品种类多元。墨西哥人对吃辣的执着超乎寻常，光是辣椒品种就达数百种；生吃、入菜不稀奇，连甜品、饮品都能加进辣椒！

3 危地马拉

　　危地马拉早期曾受西班牙殖民统治，所以现今的美食文化仍带有传统玛雅帝国、西班牙及现代饮食的色彩。食材的烹调以玉米、豆类和南瓜为三大基础材料，并大量使用各式香料，致使料理整体色彩缤纷。危地马拉的饮食偏清爽健康，烹调方式多采用烘、烤及炖煮方式，并且大量使用天然香料及水果入菜。

4 特立尼达和多巴哥

　　特立尼达和多巴哥是位于加勒比海的岛国。全国由特立尼达岛与多巴哥岛两个大岛，以及另外21个较小岛屿组成。曾于1532年沦为西班牙殖民地，后来被荷兰、法国侵占；1802年又沦为英国殖民地，是一深具殖民文化风情的地方，饮食多元，包括炖菜、鹰嘴豆泥、鱼与肉类，都是家常风味菜；由于邻近加勒比海，偏近海洋风情的油炸物食搭配啤酒饮食，也是居民日常饮食的一部分。

烧烤纽约客牛排
佐奶油香草汁

Grilled New York Strip with Herbs Sauce

时间 准备 20 min 料理 15 min | 饮品 赤霞珠干红葡萄酒 | 分量 2～3人

纽约客牛排取自牛前腰脊肉，脂肪油花少，非常适合煎烤，散发出百里香的黄油，用来煎烤牛排，是这道料理美味升级的关键。熟度刚好的香嫩牛排搭配满满香草清香的奶油，更衬托了肉汁清甜。

[材料]

纽约客牛排　300g
海盐　6g
黑胡椒　3g
橄榄油　30ml
黄油　30g
百里香　1小株
奶油香草酱汁　100g（详见第31页）
意大利香芹　1小株

配菜
美国绿芦笋　2根
小番茄　50g
青菜花　2朵
蘑菇片　50g
洋葱　60g
橄榄油　30ml
牛至　少许
盐　适量
黑胡椒　15g
高汤　50 ml
烤大蒜　1颗（详见第33页）

[做法]

1. 牛排两面撒上海盐、黑胡椒，放置室温30分钟，避免冰冷的肉直接入锅（见图1）。
2. 将配菜放盘上，撒上盐、黑胡椒、牛至，淋上橄榄油备用。
3. 大火热平底锅加入橄榄油，放入牛排每面煎约1分钟至上色（见图2）。此时先预热烤箱180℃。
4. 锅中放入黄油及百里香略翻炒，将百里香夹起放置牛排上方，再用汤匙将黄油舀起淋到牛排上，重复此动作6~8次，可增加牛排香气（见图3）；接着将牛排放入烤箱再烤三四分钟后，取出牛排静置5分钟，去除百里香（见图4）。
5. 橄榄油热锅，放入做法2中的配菜翻炒约2分钟，锅中注入高汤后盖上盖子，1分钟后起锅。
6. 放上烤好的牛肉，搭配烤大蒜及炒蔬菜，淋上奶油香草酱汁，摆上香芹即可完成。

Tips

牛排煎好后静置是一个非常重要的步骤，主要是让肉汁充分保留在肉中。

American Stewed Beef Cheek

美式炖牛颊肉

| 时间 | 准备 20 min 料理 4 h | 饮品 | 波士顿啤酒 | 分量 | 2~3人 |

　　在湿冷的冬天里，最想来碗热乎乎的浓汤了。牛颊肉的肉质虽较韧，可油脂分布均匀、肉味丰富，非常适合炖煮，以小火将牛肉以及蔬菜的美味慢炖出来的美式浓汤，就是牛颊肉的最佳料理方式。

[材 料]

牛颊肉　600g
盐　适量
胡椒　适量
面粉　适量
洋葱块　120g
胡萝卜块　100g
西芹块　100g
玉米笋　80g
橄榄油　60ml
意大利香芹　10g
柠檬　1颗

酱料

番茄酱　1500g
洋葱碎　150g
大蒜末　50g
黑胡椒　5g
色拉油　5ml
伍斯特辣酱　100g
黑糖　25g
蜂蜜　10g
墨西哥辣椒水　5ml

[做 法]

① 牛颊肉撒上盐、胡椒，裹上面粉备用（见图1）。
② 将炖煮酱料所有食材搅拌均匀备用（见图2）。
③ 炖锅加入30ml橄榄油炒香洋葱，再依序放入胡萝卜、西芹、玉米笋拌炒，将炖煮酱料加入锅中加热。
④ 另起一锅，加入30ml橄榄油烧热，放入牛颊肉煎至每一面上色后取出（见图3），加入做法③的蔬菜中炖煮至牛肉软烂（见图4）。
⑤ 食用前撒上意大利香芹、挤上柠檬汁即可完成。

Cheese Beef Burger

美味奶酪牛肉堡

| 时 间 | 准备 15 min 料理 8 min | 饮 品 | 小西拉葡萄酒 | 分 量 | 1人 |

　　一口咬下厚实多汁，嘴里先后窜出牛肉鲜甜与蔬菜甜味，非常令人难忘。这样咬下一口心也要跟着融化了的奶酪牛肉堡，在家也能自己做呢！这道菜美味的重点就是牛肉排新鲜现绞现做，尽量不要使用冷冻肉馅，才能尝到牛肉鲜甜喔！

[材 料]

牛肉饼

牛肉馅　130g

紫洋葱碎　50g

焗烤奶酪丝　50g

意大利香芹碎　10g

伍斯特辣酱　15g

卡宴辣椒粉　2g

现磨黑胡椒　2g

黄芥末酱　15g

香蒜粉　2g

吐司面包碎　50g

色拉油　少许

车达奶酪片　1片

汉堡面包　1个

褐色洋葱酱　15g（详见第30页）

紫洋葱片　50g（切片）

生菜　40g

培根　2片

酸黄瓜　20g

番茄片　30g

塔塔酱　10g（详见第31页）

[做 法]

1 将牛肉饼材料全部放在盆中搅拌均匀（见图1），捏成圆形的肉饼备用（见图2）。

2 将紫洋葱圈及生菜用冰水浸泡约10分钟后沥干备用。

3 培根煎脆备用，培根油保留。

4 热煎烤锅，抹上少许色拉油，放入牛肉饼两面煎烤至七成熟，再将奶酪片放在牛肉饼上方，加盖烤1分钟（见图3）。

5 将培根油加入煎烤锅，汉堡面包入锅两面烤酥（见图4），底层抹上洋葱酱，再依序放上牛肉饼、洋葱、生菜、培根、酸黄瓜、番茄片，最后将面包盖子抹上塔塔酱盖上即可完成。

Grilled Bacon with Meatloaf

烤培根牛肉派

时间 准备 25 min 料理 45 min │ 饮品 小西拉葡萄酒 │ 分量 2～3人

烤培根牛肉派是传统的美国家常菜。最简单的做法是以肉馅搭配鸡蛋、面包碎，放入吐司模具中烘烤做成吐司状的肉饼。外层烤得香脆的培根散发出迷人的香味，一刀切下，刚烤好的牛肉派，肉汁横流，吃起来外酥里软，口感湿润，具有丰富的满足感。

［材料］

培根　3、4片
橄榄油　适量
黄油　30g
蘑菇丁　4朵
洋葱碎　120g
大蒜末　1瓣
伍斯特辣酱　15g
面包碎　100g
牛背肩肉馅　300g
鸡蛋　1颗
意大利香芹碎　15g
豆蔻粉　2g
黑胡椒粗粉　3g
番茄酱　40g
熟菜花　100g
土豆泥　150g（详见第32页）

配菜炒野菇	
橄榄油	30ml
香菇块	100g
蘑菇块	100g
鲍鱼菇片	80g
白酒	20ml
黄油	30g
洋葱碎	50g
大蒜末	20g
黑胡椒粗粉	2g
盐	适量
意大利香芹碎	20g
意大利香料	2g

［做法］

① 烤箱175℃预热，准备长方形模子，抹一层橄榄油，培根铺入模具中备用（见图1）。

② 平底锅中火加热，黄油、蘑菇丁入锅炒香，再放入洋葱碎翻炒，接着放入大蒜末快炒；伍斯特辣酱一起入锅中煮约3分钟关火放冷。

③ 盆中放入做法②中的材料、面包碎、牛肉馅、鸡蛋、香芹碎、豆蔻粉、黑胡椒，用手抓拌匀（见图2）。

④ 将肉馅放入模具中压紧实（见图3）。用培根包起肉馅，抹上番茄酱，放入烤箱烤30分钟（见图4）。

⑤ 先将橄榄油入锅加热，放入菇类炒香，下白酒炒至微收干，再放入黄油、洋葱碎炒香，接着放入大蒜末及黑胡椒粉和盐快速翻炒，起锅前撒入香料及香芹碎完成配菜。

⑥ 取出肉派，烤箱降温至70℃，再将肉派放回烤箱烤10分钟后取出。

⑦ 将肉派脱模，切约4cm厚置于盘中，搭配做法⑤的配菜、菜花、土豆泥即可完成。

炙烤战斧牛排
佐陈醋葡萄酱汁

| 时间 | 准备 30 min 料理 1.5 h | 饮品 | 维利纳皮诺塔吉干红葡萄酒 | 分量 | 5～6人 |

什么是战斧牛排？战斧牛排是印第安语，代表印第安人使用的战斧，衍生之意是力量与自由。高温炙烤的带骨肋眼牛排，脂香四溢，肉质鲜美，外表的焦香配合内部的柔嫩，蘸上味道香浓的陈醋葡萄酱汁，中和了肉脂的油腻，非常清新，堪称完美！

[材料]

带骨肋眼牛排 1根
大蒜末 20g
百里香 1小株
无盐黄油 30g
盐 适量
胡椒 适量
胡萝卜片 100g
西芹丁 100g
紫洋葱丁 100g
高汤 150ml

配菜❶ 培根炒青豆	培根片 1片
	肉桂粉 少许
	大蒜末 10g
	高汤 50ml
	青豆 100g
	黄油 10g

配菜❷ 原味烤食蔬	红甜椒 60g
	黄甜椒 60g
	紫洋葱 100g
	法式综合香料 少许
	橄榄油 20ml

配菜❸ 酸奶奶酪烤土豆	土豆 1颗
	盐 适量
	胡椒 适量
	车达奶酪片 2片
	酸奶 50g
	意大利香芹 10g
	培根碎 10g

酱汁	葡萄汁 100ml
	砂糖 20g
	去籽葡萄 50g
	巴沙米可醋 10ml
	玉米粉水 适量
	无盐黄油 10g

[做法]

❶ 将牛排用断筋器将表面细筋断除（见图1），撒上盐、胡椒，放置室温10分钟备用。

❷ 炒锅中火加热，放入培根拌翻炒，再撒入肉桂粉及大蒜末快速翻炒，加入高汤煮开，放入青豆煮熟，再放入黄油快速搅拌，完成配菜❶。

❸ 煎烤锅加热，将所有蔬菜撒上法式香料，淋上橄榄油拌匀，放入锅中烤上色即可完成配菜❷。

❹ 烤箱180℃预热。土豆在表面切数刀但不切断（见图2），撒上盐、胡椒调味，将车达奶酪片切成小片，夹进土豆的切刀缝中，用铝箔纸包起来，放入烤箱中烤25分钟。取出后打开铝箔纸，舀上酸奶、撒上香芹及培根碎即可完成配菜❸。

❺ 锅中放入葡萄汁、糖煮开，再放入新鲜葡萄及巴沙米可醋煮5分钟，打匀后过滤，加入玉米粉水、黄油快速搅拌均匀，完成葡萄酱汁。

❻ 煎烤锅大火加热，放上牛排先煎油脂的部分，将肉两面烤上纹路（见图3），放入大蒜末，黄油及百里香，用汤匙将黄油汁淋在肉上，重复6~8次（见图4）。

❼ 在烤盘底下铺胡萝卜片、西芹丁、紫洋葱丁，放上牛排后注入高汤，放入烤箱以165℃烤30~35分钟，取出后搭配酱汁及配菜摆盘即可完成。

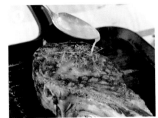

Mexican Beef Tacos

墨西哥牛肉塔可饼

| 时间 | 准备 20 min 料理 1 h | 饮品 | 啤酒或汽水 | 分量 | 2人 |

　　墨西哥牛肉塔可饼是墨西哥的传统食品，玉米饼皮呈U字形，盛装肉汁满溢的牛肉馅搭配淡淡辛香料、生菜以及莎莎酱，非常适合炎热天气食用。另外，墨西哥料理之所以广泛使用莎莎酱、牛油果酱以及酸奶酱，主要是因为颜色绿、白、红是墨西哥国旗的颜色，又称为"国旗酱"。

[材料]

橄榄油　50ml
洋葱丁　100g
青辣椒片　50g
大蒜　2瓣
青椒丁　100g
红椒丁　100g
匈牙利红椒粉　1g
孜然粉　1g
墨西哥香料　5g
牛肉馅　200g
牛高汤　100ml（详见第28页）
墨西哥辣椒水　适量
玉米塔可饼　3片
生菜丝　200g
洋葱丝　120g
香菜碎　120g
牛油果酱　100g（详见第29页）
酸奶酱　100g（详见第31页）
莎莎酱　100g（详见第31页）

[做法]

① 橄榄油热锅，放入洋葱丁、青辣椒片、大蒜炒香，再放入青椒丁、红椒丁继续翻炒，撒入匈牙利红椒粉、孜然粉、墨西哥香料炒约2分钟（见图1），放入牛肉馅炒至上色（见图2）。

② 注入高汤，盖上盖子煮5~8分钟，滴入辣椒水煮至微收干。

③ 烤箱180℃预热备用。

④ 将玉米塔可饼放在烤盘上，入烤箱烤约3分钟至酥脆，用夹子将饼皮夹起成U字形，在饼内填入生菜丝、牛肉馅、洋葱丝、撒上香菜碎，搭配牛油果酱、酸奶酱、莎莎酱即可完成（见图3、图4）。

Guatemala Albondigas Soup

危地马拉牛肉米丸子汤

| 时间 | 准备 20 min 料理 1 h | 饮品 | 危地马拉朗姆酒 | 分量 | 4 ~ 6 人 |

危地马拉位于中美洲，是玛雅世界的心脏地带，有着传统玛雅风情，也因为曾被西班牙殖民，所以带着欧洲的饮食风格，香料的运用多元，料理整体色彩缤纷。牛肉米丸子与蔬菜、节瓜一起炖煮，混了米的肉丸吃起来口感滑嫩，口味非常容易接受，几乎人人都会喜欢。

[材料]

牛嫩肩里脊　450g

葵花油　30ml

洋葱　280g

大蒜　30g

切碎番茄　100g（罐头）

胡萝卜条　80g

牛高汤　3500ml（详见第28页）

生白米　60g

薄荷叶　3g

香芹　8g

鸡蛋　1颗

绿节瓜块　60g

甜豆　50g

四季豆　50g

牛至　2g

卡宴辣椒粉　1g

盐　适量

胡椒　适量

牛油果块　100g

孜然粉　1g

香菜　10g

玉米脆片　50g

Tips

嫩肩里脊可请肉贩先绞碎，但手工剁碎的口感会更好！

[做法]

① 将牛嫩肩里脊剁碎备用（见图1）。

② 葵花油入炖煮锅中加热，放入洋葱炒三四分钟至软化有香气，再放入大蒜翻炒，加入碎番茄及胡萝卜条、高汤煮至微沸（见图2）。

③ 取一盆放入白米、碎牛肉、薄荷、香芹，打入生鸡蛋，抓匀，捏成每颗约50g的丸子（见图3、图4）。

④ 将丸子放入做法②的汤中煮35 ~ 40分钟，再放入绿节瓜块、甜豆及四季豆煮五六分钟，撒入牛至、孜然粉、卡宴辣椒粉及盐、胡椒调味。

⑤ 起锅盛盘，放上牛油果块、撒上香菜，并配上玉米脆片即可。

Trinidad Pastelle

特立尼达香蕉牛肉

| 时间 | 准备 80 min 料理 40 min | 饮品 | 气泡水果酒 | 分量 | 2 人 |

　　曾于1532年沦为西班牙殖民地，后来被荷兰、法国侵占；1802年又沦为英国殖民地的特立尼达和多巴哥，是一深具殖民文化风情的地方，饮食样貌多元，香蕉乃该地区最平凡的"食物"，既能当水果，又能油炸后制成食品，或是与其他食材一起入菜，所以在运用上非常广泛。甜中带酸，又有绵密口感的香蕉、咸香的牛肉搭配甜椒饭一起食用，这种美味，绝对令你难忘。

[材料]

牛后腿肉　250g

腌料
葱　2根
大蒜　6瓣
红葱头　2瓣
意大利香芹　10g
橄榄油　120ml
盐　适量
胡椒　适量

配菜① 甜椒饭
印度香米　100g
水　100ml
红甜椒丁　100g
罗勒碎　20g
盐　适量
黑胡椒　适量
橄榄油　20ml
巴沙米可醋　数滴

配菜② 辣椒腌黄瓜
黄柠檬　1颗
橄榄油　40ml
盐　适量
胡椒　适量
辣椒碎　20g
薄荷叶　3片
小黄瓜片　30g
胡萝卜片　30g

橄榄油　50ml
红糖　50g
洋葱丝　110g
青辣椒　2根
香蕉块　100g
小番茄　40g
伍斯特辣酱　15g
柠檬汁　10ml
香菜　40g

[做法]

① 将腌料用果汁机打成酱（见图1）。

② 牛后腿肉表面用刀略划（见图2），用腌料腌渍约1小时备用。

③ 将印度香米洗净放入电锅中，放入水、盐，焖成米饭。将红甜椒、罗勒切碎，放入盆中，撒上黑胡椒、淋上橄榄油及巴沙米可醋，放入米饭轻轻拌匀完成配菜①（见图3）。

④ 盆中挤入柠檬汁，加入橄榄油、盐、胡椒、辣椒碎及薄荷叶、小黄瓜片及胡萝卜片，拌匀腌渍15分钟完成配菜②。

⑤ 将橄榄油、红糖煮成糖膏后，煎锅放入牛肉煎至两面上色（见图4）后切成2cm见方的方块，淋上伍斯特辣酱、柠檬汁备用。

⑥ 炒锅中放入洋葱丝炒香炒软，加入青辣椒炒香，再放入香蕉块、小番茄翻炒至上色即可。

⑦ 将牛肉搭配做法⑥中的材料、配菜①及配菜②盛盘，撒上香菜即可完成。

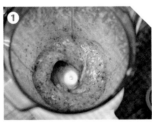

Chapter
03

南美洲

　　南美洲拥有绵长高耸的褶曲山地、古老的结晶高地、河流冲积的平原及盆地。在多元气候下，天然物产十分丰富，包括咖啡、香蕉、棉花、甘蔗、玉米、稻米、黄豆、小麦、木薯、可可、土豆等等，以及葡萄、柑橘、橄榄、无花果等地中海型气候蔬果。这些丰盛的天然食材，造就南美洲缤纷丰硕的饮食文化，南美洲饮食就跟人民一样，给人豪迈热情的印象。

① 哥伦比亚

哥伦比亚的美食反映了其多元文化特性，既有当地印第安人的传统食品，也有西班牙殖民者带来的西餐，还有早期来自非洲的奴隶带来的食谱，甚至包含阿拉伯和亚洲的饮食特色。哥伦比亚人喜欢餐前喝汤，用餐通常是三道菜，先上一碗汤，然后是一份主食，最后是甜点。喜欢喝果汁的人来到哥伦比亚会很开心，因为各种香甜可口的水果与鲜榨果汁，是哥伦比亚人日常饮食不可或缺的部分。哥伦比亚人很注重早餐，餐桌上会有热巧克力、新鲜果汁、奶酪、煎鸡蛋、面包、咖啡、果酱、黄油、水果；也吃用玉米面和奶酪混合做成的面饼Arepas，以及各式各样的烤肉。

② 巴西

巴西饮食与肉类脱不了关系，以当地产的豆子与肉炖煮而成的烩菜，是家家户户常见的料理；由于巴西畜牧业较发达，所以食品中肉类较多，烤牛肉是巴西的著名风味菜肴，相传以放牧为生的当地人经常聚集在篝火旁，烘烤大块的牛肉分食，后流传开来。烧烤类饮食除了牛肉、猪肉，也包括家禽类与蔬菜，热乎乎的巴西烤肉带有浓浓炭香却没有复杂的调味，令人更为享受肉质本身的风味。巴西是世界三大咖啡产地之一，有"咖啡王国"之称，大多数巴西人喜欢在饭后喝一杯浓浓的加方糖的黑咖啡。除了咖啡，巴西人的社交活动也离不开酒，清爽的啤酒堪称巴西国民饮料，大口喝酒、大口吃肉的豪迈饮食文化，让人在餐桌上就能感受巴西人的热情与率性。

③ 阿根廷

阿根廷饮食融合了印第安人和地中海的饮食文化。因移民众多，使得阿根廷不同地区都有各自当地的地域特色饮食，然而仍可以简单用三个关键词来涵括：烤牛肉、葡萄酒以及马黛茶。阿根廷牛排选用的是油脂比较少的部位，但肉味较浓，所以几乎不用调味。另外餐厅里还可常见到西班牙饺子、比萨以及意大利面等，这是因为意大利移民文化的关系。路边则常可见到烤肉三明治、烤猪肩肉三明治、阿根廷式热狗和烧烤等餐车以及街边小吃。

Cartagena Roast Beef Salad

卡塔赫纳烤牛肉沙拉

| 时间 | 准备9h 料理40 min | 饮品 | 鹰之圣母酒庄甜白葡萄酒 | 分量 | 2～3人 |

　　卡塔赫纳是位于哥伦比亚西北部加勒比海沿岸的一座海港城市，昔日殖民时期留下的后代，融入了丰富的非洲、西班牙、欧洲跟原住民文化，在饮食习惯上以肉食为主，烹调方式则习惯采用烧烤的方式。

[材料]

西冷牛肉　300g

腌料
大蒜末　20g
白洋葱碎　200g
黑糖　13g
伍斯特辣酱　13g
盐　5g
胡椒　1g
红酒醋　40ml

橄榄油　100ml
牛高汤　650ml（详见第28页）
面粉　40g
水　90ml

沙拉
综合生菜沙拉　1份
面包粉　40g
红酒醋　30ml
马苏里拉奶酪　100g

[做法]

1. 西冷牛肉用腌料拌匀腌制（见图1），放入冰箱冷藏8小时，让牛肉入味。
2. 将腌制后的牛肉取出放置室温1小时回温，剩余腌料留下备用。
3. 橄榄油热锅后，放入牛肉煎至上色（见图2）。
4. 将牛肉放在烤盘中，加入500ml牛高汤，盖上铝箔纸以180℃烤20分钟，取出后静置8～10分钟（见图3）。
5. 面粉以冷水混合搅拌均匀备用。
6. 将做法2的腌制料倒入锅中，加入150ml牛高汤，加热煮至微沸，倒入面粉水，将酱汁烧至浓稠，再加入红酒醋。
7. 取一炒锅，将面包粉以中火炒至上色（见图4）。
8. 将牛肉切薄片，搭配酱汁蘸上面包粉，搭配综合沙拉，撒上奶酪即可完成。

Tips

撒上面包粉可让牛肉吃起来有酥脆的口感！

Bistec A Caballo

克里奥尔牛仔牛排

| 时间 | 准备 25 min 料理 15 min | 饮品 | 意大利佩罗尼啤酒 | 分量 | 1人 |

　　这是一道非常地道的哥伦比亚料理，当地称为牛仔盛宴，因为牛仔经常骑马鲜少离开马背，故这道料理又称为"马背牛排"。克里奥尔辣酱的特色是慢慢地在你嘴里燃烧，让味蕾被挑逗之余，还可以享受炖牛肉的美味。

[材料]

西冷牛排　300g

腌料
　　芥末酱　10g
　　牛至　2g
　　大蒜　2瓣
　　孜然粉　2g
　　香菜　30g
　　盐　适量
　　黑胡椒　适量

鸡蛋　1颗
熟白米饭　150g
橄榄油　30ml
香菜碎　10g

酱汁
　　橄榄油　120ml
　　大蒜　2瓣
　　香葱　2根
　　番茄碎　150g
　　番茄酱　10g
　　巴沙米可醋　25ml
　　水　80ml
　　辣椒粉　10g
　　盐　适量
　　黑胡椒　适量

[做法]

❶ 西冷牛排以腌料搅拌均匀，冷藏腌制4~6小时（见图1、图2、图3）。

❷ 在平底锅内放入橄榄油120ml，以中火加热，放入大蒜及香葱慢炒5~8分钟。

❸ 加入番茄、番茄酱、巴沙米可醋、水、辣椒粉，以小火炖煮20~25分钟，再以盐、胡椒调味就完成哥伦比亚克里奥尔酱汁。

❹ 橄榄油中火热锅，放入腌制过的牛肉煎烤约3分钟（见图4）；再放入烤箱以200℃烤五六分钟；另起一热锅煎一颗荷包蛋。

❺ 牛排放在盘中淋上2匙酱汁，放上煎蛋，搭配白米饭，撒上香菜装饰即可完成。

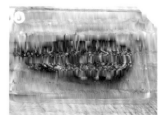

巴西烤牛里脊

Brazilian Roasted Picanha Steak

时间 准备 10 min 料理 30 min | 饮品 智利梅洛红葡萄酒 | 分量 2~3 人

18世纪末，巴西的牛仔们经常以长剑穿肉在篝火上烧烤，流传至今，形成了风味独特的巴西烤肉。巴西人吃烤肉时，喜欢吃肉的原味，所以大多只放盐来调味，烤肉主要有烤牛肉、鸡腿、猪肉、菠萝、梨和苹果等。

[材料]

牛里脊肉　500g

海盐　适量

橄榄油　40ml

配菜❶
香炒甜椒

洋葱　80g

大蒜　10g

红甜椒丁　80g

黄甜椒丁　80g

白腰豆　100g

香菜　15g

配菜❷
炸香蕉

面粉　60g

玉米粉　60g

糖粉　30g

椰子粉　60g

泡打粉　8g

蛋　1颗

水　120ml

香蕉　1根

配菜❸
烤菠萝

菠萝片　100g

肉桂粉　少许

红糖　15g

[做法]

❶ 烤箱先预热至220℃。

❷ 将牛里脊肉穿在肉叉上，均匀撒上海盐调味，入烤箱烤约5分钟后，将肉叉反转继续烤至表面上色。

❸ 烤箱降温至175℃，再烤20分钟至约7成熟（见图1）。

❹ 橄榄油热锅，放入洋葱、大蒜炒香，再放入红甜椒丁、黄甜椒丁、白腰豆继续翻炒，调味后撒入香菜即可起锅为配菜❶（见图2）。

❺ 热油锅至180℃，盆中放入面粉、玉米粉、糖粉、椰子粉、泡打粉、蛋、水搅拌均匀（见图3）。香蕉横切半，蘸裹粉浆后入锅油炸至酥脆上色即为配菜❷（见图4）。

❻ 菠萝切圆片后，入煎烤锅烤至上色，再撒上肉桂粉及红糖为配菜❸。

❼ 牛肉切片盛盘，搭配上三种配菜即可完成。

Tips

也可用顶级西冷牛排代替。

T-bone Steak with Argentine-style Chimichurri Sauce

阿根廷辣酱 T 骨牛排

| 时 间 | 准备 30 min 料理 7.5 h | 饮 品 | 梅洛起泡红葡萄酒 | 分 量 | 2～3 人 |

阿根廷料理烹调方式以烧烤或炖煮为主，炙烤后的肉品在食用时，蘸的不是烧烤酱、黑胡椒酱或番茄酱，而是一种独特绿色酱汁—阿根廷辣酱，阿根廷辣酱的特点是可以看到切碎香菜形成的绿色酱料，也可再加入香芹与牛至，此酱料滋味浓郁、有劲，就如热情、豪迈的阿根廷一般！

[材料]

T骨牛排　450g
海盐　适量
黑胡椒粗粉　适量
黄油　20g
迷迭香　1株

配菜❶ 辣酱炖豆

红腰豆　80g
白腰豆　80g
鹰嘴豆　80g
橄榄油　15ml
梅林辣酱油　20ml
墨西哥辣椒水　30ml
青辣椒　30g
番茄酱　40g
牛排酱　40g
蜂蜜　20g
黄芥末酱　20g
意大利香芹　20g
奶酪粉　10g

配菜❷ 拌时蔬

盐　适量
青豆仁　30g
菜花　100g
绿芦笋段　40g
大蒜末　15g
橄榄油　15ml
黄柠檬　1颗
鲍鱼菇片　60ml

酱汁

香熟　3椒
青辣椒　30g
红辣椒片　30g
香菜碎　40g
红酒醋　45ml
黑胡椒　少许
水　30ml
盐　少许
红葱头片　30g

[做法]

❶ 将T骨牛排两面撒上盐、胡椒，靠近骨头部分的肉轻轻划开（见图1），放置室温30分钟备用。

❷ 热炒锅，将红腰豆、白腰豆、鹰嘴豆用橄榄油略微翻炒，加入其他炖豆的材料，煮3~5分钟，取出放在盘中，撒上奶酪粉完成配菜❶。

❸ 煮一锅水，放一匙盐，将青豆仁、菜花、绿芦笋段汆烫后起锅，放入大蒜末，淋上橄榄油，挤入柠檬汁拌匀；将鲍鱼菇片放上煎烤锅烤约3分钟（见图2）后放入略拌，完成配菜❷。

❹ 将酱汁所有材料放入盆内，搅拌均匀后即可完成阿根廷辣酱。

❺ 牛排入锅煎烤三四分钟至两面有纹路（见图3），放入黄油、迷迭香，入烤箱185℃烤四五分钟（见图4）。

❻ 牛排取出后去除迷迭香，将牛肉放在盘中，搭配配菜❶和配菜❷即可完成。

Deep-fried Spicy Beef Pastry

炸香料牛肉酥饼

| 时间 准备 20 min 料理 25 min | 饮品 银子弹啤酒 | 分量 2~3人 |

在南美洲，炸酥饼是随处可见的小吃，里面的馅料琳琅满目，有牛肉口味、鸡肉口味、甚至甜食口味。在牛肉馅料里加入富含优质植物蛋白的鹰嘴豆、洋葱、香菜，再拌入香料，然后油炸至金黄色，口感带点辣，配上果汁饮料，就是最美味的零食小吃了。

[材料]

牛五花　300g

香菜　20g

鹰嘴豆　30g（罐头）

洋葱碎　70g

胡萝卜碎　40g

大蒜末　8g

核桃碎　10g

杏仁碎　15g

面包碎　20g

孜然粉　2g

肉桂粉　1g

卡宴辣椒粉　2g

马沙拉香料　3g

盐　适量

胡椒　适量

柠檬皮碎　10g

柠檬汁　适量

蛋　1颗

细面包粉　200g

综合生菜　1份

塔塔酱　50g（详见第31页）

[做法]

❶ 将牛五花切碎（见图1）后，和香菜、鹰嘴豆、洋葱碎、胡萝卜碎、大蒜末、核桃碎、杏仁碎、面包碎一起放入盆中。

❷ 加入孜然粉、肉桂粉、卡宴辣椒粉、马沙拉香料、盐、胡椒轻轻拌匀后，加入柠檬汁、柠檬皮碎再次拌匀（见图2）。

❸ 将牛肉碎分成各约100g小团，塑形后压成圆形肉饼备用（见图3）。

❹ 将肉饼裹上蛋液，再裹上细面包粉（见图4），入油锅中火炸至两面上色，换新锅，将肉饼干煎至酥脆。

❺ 最后搭配综合生菜，淋上塔塔酱即可完成。

Tips

肉饼裹蛋液及面包粉后，可以冷藏6~8小时；或冷冻三四小时，可以随时拿出来烹饪，肉的口感会变得更扎实。

东南亚

东南亚菜肴多以天然可食植物为原料，烹调出色、香、味型俱佳的菜肴；当地盛产的椰子、香茅、肉桂、豆蔻、丁香等香料植物，是决定菜色风味的主因；东南亚菜酸、辣、甜味兼具，以独特的发酵鱼与虾制成海鲜调味品，无论添加在菜里或仅作为蘸料，都让人留下深刻印象。另外，东南亚人也吃咖喱，但口味上比印度咖喱清爽一些，并且因为椰奶的调和，带出独特而温润的风味。

① 越南

越南料理通常可以分为三个菜系。北部是越南文化的主要发源地，很多著名的菜肴（如越南河粉和越南粉卷）都源自北部。北部的菜肴更传统，对调料和原料的选择更严格。南部菜在历史上受到中国南方移民和法国殖民者的影响，看得到包子与法国面包、牛油吐司等外来饮食。由于地理环境使然，越南人喜欢吃鱼、虾、蟹、海参、鱼翅及其他海味。

② 柬埔寨

柬埔寨的食物与相邻的泰国、越南的食物味道比较接近，也较多使用椰子、香茅、咖喱、鱼露、胡椒、薄荷叶等来调味，但菜色口味较甜而没那么辣。大米与鱼类是柬埔寨人民日常生活中最主要的两种食物。柬埔寨最有特色的小吃是油炸昆虫。对于柬埔寨人来说，昆虫不仅是美食，更是最佳的蛋白质补充来源；甚至油炸蜘蛛可以治疗后背疼痛和儿童呼吸系统疾病。

③ 泰国

泰国菜讲究酸、辣、咸、甜、苦五味的互相平衡，通常以咸、酸、辣为主，带一点甜，而苦味则隐懒的附在最后。主要以椰奶、罗勒、香茅、泰国青柠、姜椒以及鱼露调味，另加入海鲜或其他配料，例如最具代表性的"冬阴功"泰式酸辣虾汤。泰国菜有四大菜系，特色各有不同；包括常见的泰北黄咖喱、凉拌青木瓜，分别来自泰国的南部与北部。泰国出产独特的茉莉香米，因此米饭是常见主食。粥、贵刁（粿条）和海南鸡饭等泰国本地常见小吃，则是源自潮州移民的饮食习惯。

④ 新加坡

新加坡以最具特色的新加坡小吃文化的多样性，来自中国、印度尼西亚、印度、土生华人、越南、柬埔寨、菲律宾、缅甸以及十九世纪英国所带来的西方移民，汇集在新加坡的餐桌上，交融出特殊的无国界风貌。著名的"肉骨茶"其实就是出自中国的药炖排骨；新加坡料理中也常见沙嗲、椰浆、糯米、咖喱等复合调味所制成的菜式，也看得到鱼露与虾酱。简而言之，新加坡料理是以华人菜系为基础，融合了亚洲其他各地的风味，混搭出独树一帜的面貌。

⑤ 印度尼西亚

印度尼西亚的本地菜肴特点是加入椰浆及胡椒、丁香、豆蔻、咖喱等各种香料调味，餐桌上常备有辣椒酱；十分出名的印度尼西亚辣椒酱除了辣味，也带着一份香甜。各地菜肴中，最典型的是巴东菜，以油炸及辣味重而闻名。最常见的菜色有什锦炖菜、烤羊肉串、烤鱼、烤牛肉、烤羊肉等；因为宗教信仰的关系，印度尼西亚人不吃猪肉。另外，黄色为吉祥的象征，混入姜黄的黄色米饭与亮眼的黄咖喱，都深得喜爱。甚至，黄色米饭被称为"礼饭"，在婚礼和祭祀上不可或缺。

Vietnamese Short Rib Stew

越南风味炖牛小排

时间 准备 10 min 料理 3.5 h ｜ 饮品 啤酒 ｜ 分量 6 ~ 8 人

　　越南菜比其他菜系更清爽和精致。菜肴口味偏酸甜，外加一点点辣，烹调时注重清爽原味，以蒸、煮、烧烤、凉拌居多。油花丰富匀称、柔嫩多汁的牛小排，不仅可以拿来干煎、火烤，也非常适合炖煮，炖得入味的牛小排，滋味一点也不输给烧烤的牛小排，尤其是蘸裹一点牛肉酱汁的肉块，真是好吃到没话说。

[材料]

牛小排　1000g
盐　适量
胡椒　适量
高筋面粉　120g
橄榄油　100ml
姜　30g
红葱头　5瓣
大蒜　4瓣
辣椒　2根
肉桂棒　2根
香菜粉　15g
月桂叶　3片
番茄泥　20g
米酒　300ml
胡萝卜　250g
土豆　200g
甜豆荚　150g
番茄碎　350g
泰式甜酱油　40ml
鱼露　30ml
蜂蜜　30g
牛高汤　1500ml（详见第28页）

Tips

食用时可以搭配香料饭或烤蔬菜。

[做法]

① 牛小排先撒上盐、胡椒略腌，再蘸裹面粉备用（见图1）。

② 热一炖锅，加入50ml橄榄油，将牛小排入锅煎3分钟后取出备用（见图2）。

③ 炖锅内再放入50ml橄榄油，接着放入姜、红葱头、大蒜、辣椒炒香。

④ 加入肉桂棒、香菜粉、月桂叶一起炒一二分钟（见图3）。

⑤ 再加入番茄泥煮三四分钟，加入米酒煮至酒精挥发，放入牛小排及胡萝卜、土豆，小火炖煮2小时；在起锅前加入甜豆荚，焖3分钟即可（见图4）。

⑥ 炖锅中加入番茄碎、泰式甜酱油、鱼露、蜂蜜及牛高汤，盖上铝箔纸入烤箱1小时即可取出。

Vietnamese Beef Sandwich

越南牛肉三明治

时间 准备6 h 料理10 min | 饮品 黑咖啡加炼乳 | 分量 2～3人

　　充满异国风味的牛肉三明治，非常适合野餐、露营时享用。腌渍过的酸甜萝卜，清爽、开胃，搭配略带油脂的雪花牛肉片，以及这道料理的灵魂辣味蛋黄酱，多层次的口感和丰富却不显得杂乱的美味，绝对让你一口接一口。

[材料]

雪花牛排　250g

腌料
　大蒜末　10g
　南姜末　30g
　香茅片　10g
　黑胡椒粗粉　5g
　鱼露　5ml
　泰式甜酱油　8ml
　色拉油　20ml

法国面包　1份
腌制泡菜　100g（详见第32页）
白芝麻　少许
小黄瓜条　50g
洋葱丝　80g
红甜椒丝　80g
香菜　20g
薄荷叶　5g

酱汁
　甜辣酱　60g
　油炸蒜头　10g
　油炸红葱头　10g
　蛋黄酱　40g
　白芝麻　少许

[做法]

① 将雪花牛排及腌料一起放置容器中腌制6小时（见图1）。
② 平底锅中火加热，放入腌好的雪花牛排煎至两面上色，煎5成熟后取出静置约5分钟，切五六片斜片。
③ 取一盆，放入全部酱汁材料拌匀成辣味蛋黄酱备用（见图2）。
④ 将法国面包横剖成三片，底层摆上牛肉片，牛肉上面铺上腌制泡菜（见图3），挤上辣味蛋黄酱，撒上芝麻，盖上第二层面包；在第二层面包上摆上小黄瓜条、洋葱丝、红甜椒丝、香菜、薄荷叶，挤上少许辣味蛋黄酱，将最上层面包盖上即可完成。

Genuine Vietnamese Beef Soup

地道越南牛肉汤

| 时间 | 准备 20 min 料理 3 h | 饮品 越南绿茶 | 分量 3~5人 |

　　越南饮食受到中国菜和法国菜的影响，同时还兼具南洋特色。口味较为清淡精致的越南菜，特色是新鲜天然、浓淡得宜，并且运用大量香料和热带蔬果来调味。熬煮数小时的牛肉汤不仅散发着浓郁的肉香，以肉桂为主调汤汁，因香茅、鱼露的多重味道，给味蕾带来惊喜。风味浓郁、肉质软嫩的牛尾，搭配罗勒、红色剁椒，滋味满满爽口嫩滑，让人欲罢不能。

[材料]

牛尾　500g

洋葱丝　160g

西芹丝　30g

胡萝卜丝　50g

姜片　25g

色拉油　30ml

孜然粉　10g

黑胡椒粗粉　10g

黄油　50g

八角　2个

丁香　小

肉桂棒　1根

水　4000ml

柠檬叶　3片

香茅　1根

月桂叶　2片

鱼露　20ml

棕榈糖　30g

糖　20g

盐　适量

香葱　1根

红辣椒　1根

罗勒　10g

香菜　10g

豆芽菜　80g

卤包袋　1个

[做法]

① 烤盘上放上牛尾、洋葱丝、西芹片、胡萝卜丝、淋上色拉油，入烤箱180℃烤30~35分钟，牛尾中途要翻面上色（见图1）；将八角、丁香、肉桂棒放入卤包备用。

② 将炖锅加热，放入姜片、孜然粉、黑胡椒粒及黄油炒2分钟（见图2），加入烤好的牛尾、卤包及4000ml水（见图3）。

③ 将柠檬叶、香茅、月桂叶、鱼露、棕榈糖混合拌匀，加入炖锅中，以大火煮沸后转小火熬煮3小时，过程中捞除浮沫及肥油，加入糖和盐调味。

④ 取出牛尾块，将汤汁滤净沉淀后，放入冰箱冷藏，将上层凝结块的油脂去除。

⑤ 食用时加热汤汁，再加入香葱、红辣椒、罗勒、香菜、豆芽菜等装饰提味的香料即可完成。

103

Cambodian Carpaccio Salad

柬埔寨生牛肉沙拉

时间 准备 50 min 料理 5 min ｜ 饮品 柬埔寨储藏啤酒 ｜ 分量 2 ~ 3 人 ｜

　　这道菜来自柬埔寨，当地多使用新鲜生牛肉，建议您在制作这道菜时，可先将牛肉稍微煎一下。如果您有一块品质非常棒又新鲜的牛肉，那完全可以用生肉入菜去体验这道味道精彩的柬埔寨料理。

[材料]

牛菲力　300g

腌料
大蒜末　1瓣
鱼露　30ml
柠檬汁　适量
柠檬皮丝　适量
棕榈糖　18g

香茅碎　10g
柠檬汁　30ml
冰醋　25ml
蜂蜜　10g
鱼露　5ml

沙料
小黄瓜丝　60g
凹干豆皮　100g
樱桃萝卜片　50g
红甜椒丝　50g
罗勒　5g
红葱头丝　50g
烤过的花生　20g
辣椒丝　30g
综合生菜　200g

为保持牛肉的新鲜度，完成料理后建议尽快食用！

[做法]

❶ 将腌料全部放入盆中混合均匀，再加入牛菲力拌匀，盖上保鲜膜后入冰箱40分钟，让牛肉入味（见图1）。

❷ 热锅将腌好的牛菲力煎二三分钟（见图2），取出切1cm宽4cm长的长条备用（见图3）。

❸ 在盆内加入酱汁材料，混合搅拌均匀。

❹ 盆内放入所有沙拉配料、牛肉条，再淋上酱汁拌匀即可完成（见图4）。

Cambodian Beef Lok Lak

柬埔寨牛肉蛋盖饭

| 时间 | 准备 1 h 料理 8 min | 饮品 | 草莓酸橙果汁 | 分量 | 1~2人 |

柬埔寨口味较浓及辛辣，再加上出产胡椒、鱼露，所以习惯在料理上使用大量香料、辣椒、胡椒和鱼露。另外因曾受法国殖民统治，所以讲究饭菜花样，注重量少质精，也受到中国和越南等地的口味影响，对凉拌、烧、炒、串烤等烹调方法制作的菜肴较偏爱。

[材料]

西冷牛肉　250g

腌料
花生油　20ml
泰式甜酱油　45ml
米醋　15ml
棕榈糖　30g
鱼露　3ml

水田芥段　80g
番茄片　100g
红葱头　10g
大黄瓜片　100g
紫洋葱圈　100g
米醋　10ml
沙拉汁　30ml
花生油　15ml
大蒜末　20g
辣椒碎　10g
姜　30g

配菜
莴苣　2片
熟印度香米　200g
鸡蛋　1颗
香菜　10g
辣椒丝　10g

蘸酱
辣椒碎　10g
柠檬汁　适量
盐　5g
薄荷叶碎　10g

[做法]

① 在盆中放入所有腌料搅拌均匀；西冷牛肉切2cm方块（见图1），放入腌料中腌制1小时后备用。

② 将蘸酱材料全部混合拌匀备用。

③ 在沙拉盆中放入水田芥段、番茄片、红葱头、大黄瓜片、紫洋葱圈，淋上米醋、沙拉汁略拌后备用（见图2）。

④ 热锅后放入花生油，将大蒜末、辣椒碎、姜入锅炒香，再放入腌制的牛肉快炒上色后关火（见图3）。

⑤ 在平底锅中放入腌料加热（见图4），再把做法③中的材料全部放入平底锅中略煮入味。

⑥ 在盘中铺上莴苣，加上印度香米和牛肉，另边摆上做法⑤中的材料及印度香米，放一颗煎蛋，撒上香菜、辣椒丝装饰、附上蘸酱即可完成。

Beef Pad Thai

泰式牛肉炒河粉

(时 间) 准备 25 min 料理 5 min | (饮品) 西贡咖啡 | (分量) 1人

　　有道泰国料理绝不能忽略，就是泰国平民美食——炒河粉，一盘热腾腾、香喷喷，味道酸甜搭配清脆豆芽的泰式牛肉炒河粉，你怎么能错过？！

[材 料]

干燥河粉面条　100g

牛后腿肉　150g

淀粉　适量

色拉油　30ml

砂糖　15g

鱼露　10ml

酸角酱　25g

辣椒酱　15g

橄榄油　适量

红葱头碎　20g

辣椒片　20g

大蒜片　10g

泰式甜酱油　15ml

酱油　5ml

棕榈糖　20g

水　80ml

豆芽菜　50g

香葱段　10g

柠檬　1颗

香菜　15g

白芝麻　少许

[做 法]

① 将干燥河粉面条浸泡温水约8～10钟使其软化，捞起沥干水分。

② 牛后腿肉切4cm长条（见图1），拌入少许淀粉、油略腌渍备用（见图2）。

③ 在盆中放入砂糖、鱼露、酸角酱和辣椒酱搅拌均匀备用。

④ 热炒锅放入油、牛肉条快炒至上色后取出，再放入红葱头碎、辣椒片、大蒜片炒香（见图3），再放入甜酱油、酱油、棕榈糖略炒后加水煮开，放入河粉快炒（见图4）。

⑤ 起锅前放入豆芽菜、香葱段，再把牛肉放回一起快炒，挤入柠檬汁马上起锅成盘。

⑥ 撒上香菜、芝麻装饰，摆上柠檬角即可。

Tips

干燥河粉别泡太久，否则口感会太软烂。

Beef Khao Pad Prik Gang

泰式菠萝牛肉炒饭

| 时间 | 准备 25 min 料理 5 min | 饮品 | 泰式奶茶 | 分量 | 1人 |

　　菠萝含有丰富的膳食纤维和酵素，与肉类一起拌煮，不仅能使肉质变得滑嫩，而且多了果香与酸甜味，炒饭吃起来更有层次。除此之外，这道料理中的咖喱粉也是关键，可以增添香气外，还让料理更添南洋风。

[材 料]

橄榄油　50ml
姜末　20g
辣椒丝　10g
大蒜末　8g
牛里脊肉　120g
腰果碎　60g
咖喱粉　10g
姜黄粉　6g
肉桂粉　2g
红甜椒丁　50g
菠萝丁　100g
香葱片　10g
椰浆酱油　200g
淡色酱油　10ml
砂糖　15g
鱼露　10ml
香菜碎　15g

[做 法]

① 将牛里脊肉切丝备用。

② 橄榄油入锅加热，放入姜末、辣椒丝、大蒜末快炒20～30秒（见图1）。

③ 再放入牛肉丝快炒2分钟至上色后取出（见图2）。

④ 放入腰果碎、咖喱粉、姜黄粉、肉桂粉拌炒至香气散发，将红甜椒丁、菠萝丁及葱片下锅快炒30～40秒，加入泰国香米拌炒约3分钟，放入调味料酱油、糖、鱼露，起锅前撒入香菜碎略拌（见图3、图4）。

⑤ 摆盘后香菜叶装饰即可完成。

Southeast Asian Sour and Spicy Beef Salad

南洋酸辣牛肉沙拉

| 时间 | 准备 15 min 料理 10 min | 饮品 虎牌啤酒 | 分量 2～3人 |

　　新加坡在文化和民族的大融合下诞生了其独树一帜的美食文化。除了广为人知的叻沙、肉骨茶外，娘惹菜也是不可或缺的料理，特色是甜酸、辛香、微辣，口味浓重、讲究酱料且层次分明。南洋酸辣牛肉沙拉，酸中透辣，焦香的嫩牛肉、脆爽的豆芽，搭配红辣椒丝，结合了柠檬汁、鱼露，不仅会让人上瘾，还会让人难忘那酸中带辣的好滋味。

[材料]

板腱 300g
盐 适量
胡椒 适量
四季豆段 80g
圣女番茄块 60g
豆芽菜 50g

沙拉
青辣椒丝 20g
红辣椒丝 20g
生菜 50g
菠萝丁 50g
香菜碎 10g
薄荷叶丝 5g
花生碎 40g

酱汁
柠檬汁 60ml
糖 30g
红葱头碎 15g
椰浆 40ml
鱼露 10ml
辣椒 2g

[做法]

① 将牛板腱切1.5cm厚片（见图1），撒上盐、胡椒调味。

② 煎烤锅加热后放入牛肉片煎至两面上色后，放入四季豆段略煎（见图2），再加入番茄块、豆芽菜翻炒后取出备用（见图3）。

③ 取一盆放入柠檬汁、糖，用打蛋器搅拌（见图4），再加入红葱头、椰浆、鱼露、辣椒拌匀成酱汁后倒出。

④ 取一干净盆，放入做法②中的材料及青辣椒丝、红辣椒丝、生菜、波萝丁，淋上做法③的酱汁轻轻拌匀，盛盘前撒入香菜及薄荷叶，稍拌一下即可盛盘，最后撒上花生碎即可完成。

Indonesian Beef Rendang

印度尼西亚椰浆咖喱牛

时间 准备 10 min 料理 2.5 h ｜ 饮品 虎牌啤酒 ｜ 分量 3～5人

　　印度尼西亚咖喱和泰国咖喱、印度咖喱不同，泰国咖喱偏酸、偏辣，印度咖喱则较辛辣。而印度尼西亚咖喱因加了椰汁，味道较温润，没有泰国咖喱、印度咖喱味道浓厚，但层次感丰富。牛肉经长时间炖煮后，吸收了椰浆和香料的精华，味道丰富，而且肉汁亦变得香味浓稠，搭配烤饼或是香料饭同吃，更是美味！

[材料]

牛腱子心肉　500g

腌料
苘香粉　4g
孜然粉　4g
香菜粉　1g
八角　1个
丁香粒　3个
肉桂粉　5g

橄榄油　30ml
椰浆　250ml
水　1500ml
柠檬叶　3片
酸角　50g
棕榈糖　50g

泥酱❶
姜　40g
南姜　25g
姜黄粉　3g
香茅　2根
水　80ml

泥酱❷
红辣椒　2根
泡水干辣椒　3颗
红葱头　5颗
大蒜　30g
水　80ml
橄榄油　30ml

[做法]

❶ 将牛腱子肉切成2cm见方的方块（见图1）；把腌料混合后，加入牛肉块抓匀。

❷ 料理机中加入泥酱❶的所有材料打成泥，取出备用（见图2）。

❸ 料理机中放入泥酱❷的所有材料打成泥，取出备用（见图3）。

❹ 平底锅热油，放入泥酱❶炒一二分钟后取出，再放入泥酱❷炒香，取出后把两种泥酱混合。

❺ 炖锅中热油，放入牛肉块煎五六分钟，倒入椰浆及水，再放入柠檬叶、酸角、棕榈糖差过牛肉，倒入混合泥酱，小火炖煮约2.5小时后即可完成（见图4）。

Coconut Sauce Stir-fried Lemongrass Beef

嫩炒椰汁香茅牛

（时间）准备 60 min 料理 5 min ｜（饮品）椰子汁 ｜（分量）1人

　　香茅需要用高温才能烧出可口的香味，所以最好用煎、炸、烧等方式烹调。在菜肴中使用香茅，能驱走牛肉腥味，使味蕾在品尝到牛肉鲜甜外，还留下淡淡的芳香。另外香茅具有发汗解暑、除湿健脾的功效，所以椰汁香茅炒牛肉非常适合体质湿热的人食用，如果再加上一点点的胡椒，还有暖脾胃的效用。

[材料]

牛菲力　200g
花生油　60ml
百里香叶　8g
大蒜末　30g
香茅碎　10g
海盐　适量
橄榄油　30ml
红葱头丝　50g
辣椒　1根
红甜椒　00g
黄甜椒　00g
蟹味菇　1盒
蚝油　20ml
椰浆　150ml
花生碎　30g
黑胡椒粗粉　10g
薄荷叶碎　15g
柠檬角　1颗

[做法]

1. 将牛菲力切成3cm长肉丝(见图1)。
2. 用花生油30ml、百里香叶、大蒜末15g、1/2香茅碎和海盐拌匀腌渍约50分钟（见图2、图3）。
3. 炒锅放入橄榄油，放入腌制后的牛肉快炒2分钟至上色后取出，保留肉汁（见图4）。
4. 花生油30ml热锅，炒香大蒜末15g、红葱头丝、辣椒及剩下的香茅碎约1分钟，再放入红黄甜椒、蟹味菇炒至蘑菇上色，甜椒略干。
5. 锅内加入蚝油、椰浆混合煮约20秒，放入牛肉及其肉汁、碎花生、黑胡椒，用翻炒至酱汁收稠后即可上碟。
6. 最后洒上薄荷叶碎、柠檬角装饰即可完成。

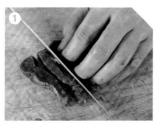

Grilled Beef Liver with Coconut and Lemon Sauce

嫩烤牛肝佐椰香柠檬酱

时间 准备 8.5 h 料理 30 min ｜ 饮品 红马啤酒 ｜ 分量 4～5人

　　以牛肝入菜的料理不多，通常以煎、炒为主。这里介绍以烤的方式烹调，是东南亚国家的特色。牛肝含有丰富的营养物质，具有营养保健功能，可是牛肝本身的异味非常浓郁，所以在料理前的处理步骤非常重要，处理得当的牛肝烤熟后，口感丰腴，柔嫩不干涩，搭配椰香柠檬酱与蔬菜，油而不腻，质醇味美。

[材料]

牛肝　300g
牛奶　150ml
白胡椒粉　适量
炸南瓜丝　60g（详见第33页）

椰香柠檬酱	
椰浆	70ml
虾酱	8g
香菜粉	7g
黄柠檬皮	适量
柠檬汁	适量
柠檬叶	1片
香茅	1/2根
鱼露	5ml
棕榈糖	15g

配菜 红葱菠菜	
橄榄油	20ml
红葱头丝	30g
韭菜段	60g
菠菜段	150g
高汤	30ml
泰式甜酱油	8ml
油葱酥	10g

[做法]

① 将牛肝三等分（见图1），放入盆内，加入牛奶、胡椒粉拌匀入冰箱腌渍6小时。

② 料理机中放入椰香柠檬酱所有材料，搅打均匀成泥（见图2），倒入干净的盆内。将牛肝放入柠檬酱内浸泡，再腌渍2小时。

③ 烤箱先预热175℃；取出牛肝放置在烤盘上，放入烤箱烤20分钟。

④ 平底锅热油后，放入红葱头丝炒香，再加入韭菜段、菠菜段翻炒。再加入高汤、甜酱油调味，起锅前撒上油葱酥完成配菜。

⑤ 取一平底锅，将做法②的柠檬酱过滤到锅内，开火加热酱汁到滚开即可（见图3）。

⑥ 在盘中先放上红葱菠菜垫底，铺上切片的牛肝（见图4），淋上加热过的柠檬酱汁，最后刨上黄柠檬皮、薄荷叶，以炸南瓜丝装饰即可完成。

Tips

牛肝浸泡牛奶是为了去腥，若牛肝煮好后里面呈现粉红色就是最完美的状态。

南亚 & 西亚

西亚大部分区域都异常干燥，植物种植种类有限，居民以放牧为生，在饮食上带有游牧民族的豪情与高蛋白质特性。大量运用香料组合出千变万化的口味，是南亚饮食的一大特色。值得一提的是，大部分南亚国家的人用餐习惯是仅使用"右手"，不使用餐具与左手，因为左手在习俗认定上是"不洁"的，如果有机会到相关国家旅游，可要特别注意喔！

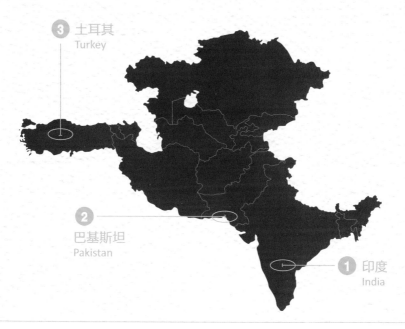

③ 土耳其
Turkey

② 巴基斯坦
Pakistan

① 印度
India

① 印度

　　印度具有明显的宗教色彩，虔诚的佛教徒和印度教徒都是素食主义者，吃素的人占印度人口一半以上。印度料理举世闻名的特色是"咖喱"，无论荤素、海陆或者面食和米食，都有咖喱的踪影。此外，印度菜的一大特点就是糊状菜居多，而且还加以各种色素，因此常有黄的汤、绿的菜糊、红的烩泥等等，看着印度人习以为常地以米食或称作"馕"的面饼搭配食用，非常新鲜有趣。品尝或制作印度料理，最容易入门的就是风味多变的咖喱和以酸奶和辣粉腌渍、烧烤的鸡肉，让人回味再三。

② 巴基斯坦

　　巴基斯坦全国居民97％信奉伊斯兰教，风俗礼仪主要来自于伊斯兰教的一些规定，教徒称"穆斯林"，不食猪肉，不饮酒，主食主要是米饭和面食，副食有牛羊肉、鸡、鸡蛋、鱼、蔬菜等；喜欢吃香辣的食品，以胡椒、姜黄等做的咖喱食品闻名世界。巴基斯坦菜，无论是肉、鱼、豆类，还是蔬菜，绝大多数是辣的，泡菜也是辣的，没有炒菜的习惯，而是把菜炖得烂熟。巴基斯坦人的主食为面粉和大米，一种名叫"恰巴蒂"的粗面饼最受欢迎。值得一提的是，巴基斯坦人非常喜欢喝奶茶，无论早、中、晚、下午茶，都要搭配一杯奶茶，尤其是一种淡粉色、加入捣碎的开心果和巴达木果仁做成的克什米尔奶茶，是巴基斯坦人待客的特色饮料。

③ 土耳其

　　土耳其人曾建立跨亚欧非三大洲的奥斯曼帝国，使土耳其饮食文化融合了各地特色与历史文化，成为世界三大菜系之一。提到土耳其菜，有三大特色部分：前菜"梅泽（Mezze）"，种类多样，食材包括鱼、肉或蔬菜，佐以用香料、橄榄油、酸奶等等调配的酱汁。土耳其的主菜以烤肉为主，称作"卡巴(Kebab)"，搭配外酥里软的面包或手揉烘烤的面饼。另外，土耳其的甜点也是老饕最爱，独一无二的米布丁(Sutlac)，和千层派(Baklava)还有软糖(Lokum)，融合了当季食材与创意，独特的风味往往让甜食爱好者难以抗拒。

Tandoori Roasted Beef

印度坦都里烤牛肉

时间 准备 1 h 料理 20 min　饮品 印度芒果拉昔　分量 1～2人

相信很多人都在印度餐厅吃过坦都里烤鸡，它是一种以泥炉炭火来制作的料理。此道食谱取用坦都里的烹调方式，将鸡肉改为牛肉。印度口味的烤肉吃起来带点辣味，主要来自带有咖喱味的坦都里香料，浓厚但不刺激，酱料中的酸奶赋予烤肉美味魔力，让烤肉呈现蓬松柔软的口感，搭配一点清淡的蔬食、玉米饼能平衡味道和营养，令人百吃不厌。

[材料]

牛小排或翼板肉　2500g

腌料❶
姜　10g
大蒜　15g
白醋　10ml
辣椒粉　5g
海盐　10g

腌料❷
原味酸奶　50g
马沙拉香料　30g
鲜奶油　20ml
柠檬汁　20ml
坦都里香料粉　20g
芒果马沙拉香料　10g

配料
橄榄油　适量
马沙拉香料　20g
蒜末　30g
红洋葱块　50g
青椒块　50g
红甜椒块　50g
黄甜椒块　50g
玉米饼　1份

[做法]

❶ 将牛肉切成4cm见方的块（见图1），放入腌料❶拌匀腌制30分钟。

❷ 再加入腌料❷拌匀腌制20分钟（见图2），取出牛肉备用。

❸ 烤箱预热180℃，放入肉块烤5～8分钟后再用炭烤上色（见图3、图4）即可。

❹ 将洋葱、青椒、红甜椒、黄甜椒切块，放入盆中，淋上橄榄油，撒入少许马沙拉香料、蒜末拌匀后直接炭烤至表面上色，入烤箱180℃烤6～8分钟即可。

❺ 玉米饼烤热后，再搭配烤蔬菜，和烤牛肉一起盛盘即可完成。

Tips

牛肉块也可以用竹扦或铁扦穿起，
以逆纹的方式可避免肉散掉。

Pakistani Curry Rib Fingers and Spice Stirred Rice

巴基斯坦咖喱牛肋
香料拌饭

时间 准备 15 min 料理 1.5 h ┃ 饮品 柳橙汁或可尔必思乳酸饮料 ┃ 分量 1～2人

　　这道巴基斯坦家常料理简单却有满满的异国风味。巴基斯坦的料理受邻国印度影响颇深，咖喱口感辣口，汁水较少，用巴基斯坦咖喱烧制香气足、略带咬劲的牛肋，入口后，就能感受到香料的芬芳与肉香，回荡在嗅觉与味觉之间。

[材 料]

牛肋条　250g
橄榄油　30ml
姜末　20g
大蒜末　2瓣
咖喱酱　40g
水　450ml

香料饭
印度米　130g
巴基斯坦香料粉　20g
蔬菜高汤　180ml
原味酸奶　50g
薄荷叶碎　5g
辣椒碎　10g

配料
洋葱丝　130g
胡萝卜块　120g
柠檬叶　10片
盐　适量
糖　20g

[做 法]

❶ 将牛肋条切成2cm见方的方块备用（见图1）。

❷ 橄榄油热锅后，放入牛肉块翻炒至表面上色（见图2），加入姜末、大蒜末、咖喱酱翻炒约1分钟，加入450ml水，盖上盖子小火慢炖30～40分钟（见图3）。

❸ 将印度米洗净后放入锅内，加入巴基斯坦香料粉、蔬菜高汤，盖锅盖小火焖煮30分钟，直到高汤被米粒吸收至熟。煮熟后拌匀。

❹ 加入橄榄油热锅，放入洋葱丝小火慢炒8～10分钟至软化，加入胡萝卜块及柠檬叶煮6～8分钟，起锅前加入盐、糖调味即可（见图4）。

❺ 将炖牛肉与炒好的蔬菜铺在香料饭上，淋上酸奶，撒上辣椒碎、薄荷叶即可完成。

Middle East Kebabs with Pita

中东烤牛肉串配口袋饼

（时间）准备 2.5 h 料理 35 min ｜ 饮品 石榴汁 ｜ 分量 2～3 人

　　中东给你的印象是什么呢？阿拉丁、穆斯林、水烟……中东地区各国家有不同的烹煮方式，共同特色就是香料。在主食上不仅有当地独特的大饼，更融合了东西方的米、面文化。这是一道完全呈现香料运用的料理，做起来简易，也能调整成适合自己的口味，简单轻松就能让异国料理亲近你的生活。

[材料]

嫩肩牛里脊　200g

腌料
盐　10g
砂糖　10g
红糖　10g
辣椒粉　10g
孜然粉　10g
黑胡椒粗粉　10g
卡宴辣椒粉　5g
匈牙利红椒粉　5g
姜黄粉　5g
色拉油　15ml

紫洋葱块　100g
大黄瓜片　70g
花生沙嗲酱　250g
中东孜然烤酱　适量
中东口袋饼　2个

蘸酱
原味酸奶　1杯
薄荷叶　5g

Tips

若加柠檬切角和柠檬汁，味道更好。

[做法]

① 先将牛里脊切成2cm见方的方块（见图1），放入盆中，放入腌料拌匀，腌制2小时备用（见图2）。

② 将腌好的牛里脊块加入沙嗲酱略拌，腌制15分钟，取出后用铁扦将牛里脊块与紫洋葱块、黄瓜片穿起（见图3）。

③ 将煎烤用平底锅加热，放上牛肉串烤上纹路，烧烤过程中刷上中东孜然烤酱，两面各烤约2分钟，至5～7成熟（见图4）。

④ 将口袋饼烤熟，再摆上牛肉串，搭配薄荷酸奶酱即可完成。

Spicy Beef Prata

辣味牛肉拉塔卷饼

时间 准备 20 min 料理 4 h ｜ 饮品 冰柠檬汁 ｜ 分量 2～3人

　　这道菜采用一种极致的慢烤工艺，用炖煮锅或者烤箱来制作，而非炭烤，可由于大量香料调味，最后呈现出的却是一种熏烤和烧烤的味道。卷饼内有味美的手撕肉、蔬菜和健康又没负担的酸奶，一口咬下，真是说不出的满足！

[材料]

牛胸肉　400g

孜然粉　7g

匈牙利红椒粉　6g

牛至　5g

盐　适量

胡椒　适量

橄榄油　50ml

洋葱碎　100g

洋葱丝　200g

大蒜　20g

切碎番茄　400g（罐头）

牛高汤　500ml（详见第28页）

月桂叶　1片

红辣椒片　20g

青辣椒片　20g

红酒醋　50ml

香菜碎　15g

卷饼沙拉

墨西哥饼皮　3张

红甜椒丝　50g

黄甜椒丝　50g

生菜丝　200g

香菜　15g

帕尔玛奶酪　100g

综合生菜　1份

酸奶　50g

牛油果酱　60g（详见第29页）

[做法]

① 牛胸肉撒上孜然粉、红椒粉、牛至、盐、胡椒略腌；橄榄油入平底锅加热，放入牛胸肉煎二三分钟上色备用（见图1）。

② 洋葱碎、大蒜炒香后，放入切碎番茄翻炒，再加入高汤、月桂叶，煮沸后放入煎过的牛胸肉炖煮。

③ 另起锅，将红青辣椒片炒香，将辣椒片倒入牛肉炖锅中，盖上盖子小火慢炖三四个小时至牛胸肉软烂。

④ 烤箱180℃预热；将牛胸肉取出后，用叉子撕成肉丝（见图2），放入容器中，倒入红酒醋、香菜拌匀。

⑤ 用墨西哥饼皮包入牛肉丝、红黄甜椒丝、洋葱丝、美生菜丝、香菜，卷起包紧（见图3）。

⑥ 取一烤盘，按容器大小修饰卷饼长度，再将卷饼放入排好，淋上炖煮酱汁、撒上奶酪（见图4）；入烤箱烤三四分钟至上色，将卷饼铲起盛盘，搭配综合生菜、酸奶、牛油果酱即可完成。

Grilled Beef Kofta

烤科夫塔牛肉饼串

时间 准备 10 min 料理 6 min ｜ 饮品 智利红酒 ｜ 分量 2 ~ 3 人

　　科夫塔牛肉串是起源于埃及的料理，指的是肉馅用香料调味后，用铁扦穿着烤，混合中东及地中海风味，无论在欧洲和西亚都是常见的美食。用手揉捏的牛肉团，可以吃到牛肉的口感，在揉捏的过程也可调整肉馅的软硬程度，如果过软，可加少许面粉做调整。烤过的牛肉串，热乎乎的肉汁在煎烤锅中滋滋作响，一口咬下绝对让你啧啧称赞。

[材料]

牛肉馅（和尚头） 400g
洋葱丁 150g
柠檬 1颗

腌料
马沙拉香料 6g
蛋黄 1个
姜黄粉 7g
孜然粉 5g
匈牙利红椒粉 3g
卡宴辣椒粉 5g

综合生菜 1份
番茄 1颗
薄荷叶 5g
原味酸奶 80g

[做法]

① 牛肉馅与洋葱丁、腌料拌匀后（见图1、图2），分成每个约鸡蛋大（约80g）的肉团，捏成长条形，用铁扦穿起备用（见图3）。
② 生菜洗净泡冰水，番茄切片备用。
③ 将薄荷叶切碎与酸奶拌匀成蘸酱备用。
④ 煎烤锅加热，放上肉串每面烤一二分钟至上色备用（见图4）。
⑤ 盘内放入综合生菜及番茄片，再放上肉串，挤上柠檬汁提味，搭配上薄荷、酸奶酱即可完成。

东亚

东亚地区位于亚洲东部、太平洋西岸，约占全球陆地面积的9%。地形西高东低，包括海拔一般达4000米以上的高原，以及平原、丘陵和一些海岛。东亚有丰富的海洋资源，因而东亚的饮食除了以稻米为主食，也包括各种海鲜料理。

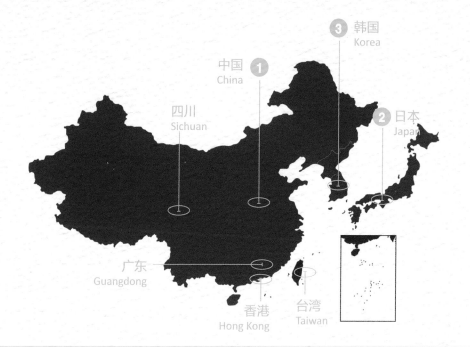

中国
China
①

韩国
Korea
③

四川
Sichuan

日本
Japan
②

广东
Guangdong

香港
Hong Kong

台湾
Taiwan

① 中国

　　广东：广东菜又称粤菜，是中国八大菜系之一，由广府菜（广州菜）、潮州菜（潮汕菜）、客家菜（东江菜）、顺德菜（凤城菜）组成。粤菜的特色在于注重食物的本味，因此只用很少量的香料，亦少有辣的菜式，但使用香料的种类十分广。广东省有丰富的农业和水产资源，因此，对于广东人来说，不"鲜活"的食材就不够格上餐桌，如何照着节令与食物特性吃得对味，广东人对此非常讲究。

　　四川：中国八大菜系之一的川菜，以麻、辣、鲜、香为特色。川菜有"七滋八味"之说，"七滋"指甜、酸、麻、辣、苦、香、咸，"八味"即是鱼香、酸辣、椒麻、怪味、麻辣、红油、姜汁、家常。其中突出的是麻、辣、香、鲜及油大、味厚的特点，这是重用了"三椒"（花椒、胡椒、辣椒）和"三香"（葱、姜、蒜）之故。也因区域不同分为精致细腻的官家川菜成都菜、俗称江湖菜的重庆菜以及精致奢华的盐帮菜等。

　　香港：香港饮食文化糅合了粤菜和西餐的特点，被誉为"美食天堂"。一般香港家庭菜大多混合了各地传统特色，米是每餐的主要粮食。除了中式酒楼外，香港的丰富特色饮食还有：丝袜奶茶、鸳鸯、鱼蛋、鸡蛋仔等街头小食，街头食档大排档，能够解暑消毒的凉茶等。

　　台湾：根据记载，台湾常见的菜肴总数达数万种，制法将近50种，菜系众多、包罗万象的饮食及烹调，让台湾着实成为饕家的天堂。不管是北方口味的烤鸭、熏鸡、涮羊肉……或是南方口味的樟茶鸭、盐焗鸡、蜜汁火腿……可说是应有尽有。

② 日本

　　农耕时代，日本人由于学会了种稻、饲养牲畜，将主副食分开，也学会了酿酒和在食物中添加作料，奠定日本菜的基础。佛教传入后，日本一度禁吃肉食，佛家的"自然、平和"元素深入日本人的日常饮食与文化。佛教禅宗和茶叶从中国传入日本后，诞生了怀石料理；江户时代，平民贵族宴会增加，促进了日本饮食业的发展，并逐渐形成了本膳、卓袱、会席、怀石四大料理，加上富有历史渊源的精进料理，这五大料理构成了日本料理的基础，随后发展演变成今天的日本料理。日本人对摆盘的重视使得餐饮文化不只在满足口腹上，也包括了艺术与美学，因此，日本和食料理又有"眼睛的料理"之称。

③ 韩国

　　韩国料理泛指朝鲜民族的饮食文化。韩国料理少油腻，多辣，有着阴阳五行的思想，即将"咸、甜、酸、苦、辣"五味和"红、绿、白、黑、黄"五色融入菜肴。多以米食为主食，另有面食、荞麦、菜、肉等，也偏爱各种海鲜与海产制品。冬天，韩国泡菜是饭桌上常见的配菜，以白菜、萝卜、黄瓜等各食材发酵而成，种类齐全而成为"饭馔"。与其他饮食文化不同，汤在韩国料理中不是饭前或饭后的配菜，而是与主食一起食用的主菜，也可以直接将饭倒入汤碗吃。

Grilled Ribeye with Sichuan Hot Sauce

极致川味辣烤肋眼

（时间）准备 10 min 料理 15 min ｜ （饮品）阿根廷诺顿庄园梅洛干红葡萄酒 ｜ （分量）1～2 人

　　这是一道改良过的川味辣烤肋眼，避免了处理不慎时，花椒带出的苦味，但保留了我们印象中的辣味。另外，因加入适量的老抽，让烤肉上色，也让烤肋眼口感软嫩细致，有种鲜美微甜的感觉。初次尝试制作烤肋眼的朋友，建议可以采用厚一点的牛排，烧烤起来会较得心顺手。

[材料]

肋眼牛排　250g

腌料
红糖　15g
匈牙利红椒粉　3g
辣椒粉　3g
大蒜　20g
辣椒　20g
青葱　20g
老抽酱油　40ml
淡色酱油　10ml
芝麻油　20ml
蜂蜜　20g

配料
黄油　30g
培根碎　50g
胡萝卜条　50g
白萝卜条　50g
甜豆　60g
黄甜椒条　50g
香葱碎　10g
土豆　120g
洋葱　60g
意大利香芹　20g
海盐　适量
黑胡椒　适量

[做法]

① 在盆中混合腌料后倒入容器中，再将肋眼牛排用叉子或断筋器在表面上戳出数个小洞（见图1），放入容器中与腌料一起拌匀腌制20分钟（见图2）；将烤箱预热180℃。

② 煎烤锅加热，将腌制好的牛肉煎上色，再放入烤箱中再烤二三分钟，取出烤箱前再刷上一层腌酱略烤一下（见图3）。

③ 将黄油、洋葱、培根碎一起翻炒，萝卜条、甜豆、黄甜椒条氽烫后放入锅中，再加入香葱碎及海盐、黑胡椒调味（见图4）。

④ 土豆煮熟后切厚片，加少许油入锅煎上色。

⑤ 摆上炒蔬菜、炒土豆，再摆上烤好的牛肉，撒上香芹装饰即可完成。

Green Asparagus Stir-fried Beef Tendon with X.O Sauce

X.O 酱芦笋炒牛筋

| 时间 | 准备 6 h 料理 5 min | 饮品 | 干红葡萄酒 | 分量 | 2~3人 |

　　X.O酱和很多食材都超搭，这道料理也必定美味下饭。因为X.O酱里既有辣椒成分又有海味，不仅刺激味蕾，也增添菜肴的层次。晶莹剔透的牛筋具有弹性与爽滑的口感，与爽脆的芦笋、X.O酱同炒，让人越嚼越香，绝对是爱美女性的餐桌保养品！

[材料]

牛筋　200g

姜片　40g

色拉油　30ml

大蒜末　10g

红葱头片　15g

香葱段　20g

红辣椒丝　20g

X.O酱　60g

盐　适量

糖　30g

绍兴酒　25ml

高汤　60ml

淀粉　6g

香油　3ml

黄甜椒片　50g

红甜椒片　40g

绿芦笋段　250g

[做法]

① 起一锅水，放入20g姜片，水开后放入牛筋煮约10分钟（见图1），再入电锅蒸五六小时后，捞起冲冷水冷却备用。

② 将蒸好的牛筋切1cm宽3cm长长条备用（见图2）。

③ 炒锅中加入油，中火加热，先放入剩下的姜片炒香，依次放入大蒜末、红葱头片、香葱段、辣椒丝炒香，再加入X.O酱、盐、糖调味（见图3）。

④ 放入牛筋翻炒，淋入绍兴酒炝锅，再加入高汤煮开后勾薄芡，再加入红黄甜椒片、芦笋段，最后滴入香油即可完成（见图4）。

Sesame Leek Beef Roll

芝麻大葱牛肉卷饼

时间 准备 30 min 料理 5 min ｜ 饮品 咸豆浆、米浆 ｜ 分量 2～3 人

　　大葱牛肉卷饼是山东省汉族传统著名小吃，大葱卷饼不仅是食物，也是山东乡村人们的生活方式之一。略烙煎带香气的饼皮，卷上大葱，蘸上甜面酱或芝麻蘸酱、辣椒酱，看似简单的搭配，吃起来又香又脆，口感丰富，满口葱香。

[材料]

牛小排　150g
盐　适量
黑胡椒　适量
洋葱丝　100g
香葱段　50g
辣椒片　10g
饼皮　2张
番茄片　100g
小黄瓜丝　100g
油葱酥　适量
白芝麻　适量
花生粉　少许
香菜碎　20g
面粉　30g
水　10ml
色拉油　30ml
韩式泡菜　3g

芝麻炒酱
酱油　50ml
砂糖　60g
味醂　40ml
乌醋　40ml
芝麻酱　120g
芝麻油　20ml
辣油　10ml
葱末　20g
姜末　10g
大蒜碎　10g

[做法]

① 将牛小排肉切成1cm长的条状（见图1），撒上盐、胡椒，放入容器中，淋上油略拌匀腌渍约20分钟备用。

② 将芝麻炒酱的材料全部加到果汁机打匀备用（见图2）。

③ 热一炒锅，放入洋葱丝炒香炒软，1/2长葱段入锅略煎后，放入牛肉快速翻炒30秒，放入辣椒及芝麻炒酱再炒30秒后起锅备用。

④ 将烙过的饼皮铺入炒好的牛肉，放上剩余长葱段、番茄片及小黄瓜丝，撒上油葱酥、白芝麻、花生粉、香菜，再淋上少许芝麻炒酱（见图3），将饼卷起包紧，收口处抹上少许面糊（面粉加水）（见图4）。

⑤ 平底锅加入色拉油，将牛肉卷整条煎上色，切圆柱形摆盘，最后搭配泡菜即可完成。

Beef Brisket and Tendon in Foshan Chu Hou Sauce

佛山柱侯酱牛腩筋

| 时间 准备 15 min 料理 4 h | 饮品 广东米酒 | 分量 2 ~ 3 人 |

　　柱侯酱是粤菜常用的酱料，起源于广东佛山，在中国大有名气，有句名言称"未尝柱侯鸡，枉作佛山行"。柱侯酱据传是百年前有位叫梁柱侯的名厨所创制，主要以大豆、面粉作原料，经制曲、晒制后成酱胚，再和以猪油、白糖、芝麻后蒸煮而成。因豉味香浓，入口醇厚却又鲜甜甘滑，用于炖肉，别有风味。

[材料]

牛筋　200g

牛腩　300g

姜片　30g

香葱白段　30g

香葱叶段　20g

白萝卜块　300g

米酒　30ml

高汤　250ml

柱侯酱　60g

蚝油　30ml

酱油　30ml

陈皮　1片

冰糖　30g

盐　4g

[做法]

① 牛筋入汤锅中，用开水煮二三分钟，再用电锅蒸3小时，取出后冲冷水冷却备用，切成4cm长段备用（见图1）。

② 起一炖锅注入冷水，放入姜片、牛腩、牛筋，开大火煮沸后马上转小火，炖煮1.5~2小时，用筷子轻轻可穿透牛肉即达到熟透的程度，取出牛肉备用（见图2）。

③ 热平底锅，放入牛腩煎至上色后切成3.5cm见方的块状（见图3）。

④ 热炒锅，放入姜片、葱白段炒香，加入米酒、高汤、柱侯酱、蚝油、酱油、陈皮、冰糖、盐；加入牛筋、牛腩一起煮约20分钟，再放入萝卜煮约15分钟，起锅前撒上葱叶段即可完成（见图4）。

Vegetables Stewed Beef Soup

鲜蔬清炖牛肉汤

时间 准备 25 min 料理 2 h | 饮品 广东米酒 | 分量 2～3人

　　元气满满又爽口的鲜蔬清炖牛肉汤，融合洋葱、白萝卜、番茄及青葱的自然甘甜，以及牛肉的鲜美，是一锅充满营养的浓郁汤品，天冷的时候，喝上几口热汤，浑身上下都变得暖暖的，除了暖胃也暖心。

[材料]

米酒　50ml
姜片　50g
牛腱　200g
牛后腿肉　200g
色拉油　30ml
洋葱块　200g
辣椒段　10g
白萝卜块　150g
番茄　100g
香葱叶段　20g
水　3000ml
白醋　20ml
料酒　30ml
姜丝　10g
盐　适量
香菜　10g
葱花　20g

香料包
花椒粒　3g
白胡椒粒　5g
月桂叶　3片

[做法]

① 炖锅中放入水、米酒、姜片25g煮开，放入牛腱及牛后腿肉汆烫一二分钟，取出后洗净，切成2cm见方的方块备用（见图1、图2）。

② 炖锅中放入色拉油，将剩余姜片及洋葱块、辣椒段入锅中炒香，再加入牛肉块一起翻炒（见图3），放入萝卜块及番茄块、葱绿段，注入冷水腌过所有食材（见图4）。

③ 放入香料包，大火煮开后捞除浮沫，转中小火熬煮约2小时，放入白醋、绍兴酒、姜丝略煮1分钟。

④ 起锅前加入盐调味，撒上香菜及葱花即可。

Cantonese Five-spice Stewed Bovine Offal

港式五香炖牛杂

| 时间 | 准备 15 min 料理 12 h | 饮品 | 香港啤酒 | 分量 | 8～12人 |

　　香港路边小吃甚多，其中以咖喱鱼丸与卤牛杂最为出名。卤牛杂由牛的内脏组成，包括牛肚、牛大肠、牛心、牛肝、牛气管、牛肺及萝卜等。牛杂好不好吃的重点除了新鲜以外，就是卤汁，白萝卜在卤汁中释放蔬菜的甜味，同时吸收卤汁的浓郁味道，使萝卜变得入口后回味无穷，牛内脏经炖煮味道浓郁且有嚼劲，这道港式五香炖牛杂绝对让你吮指回味。

[材料]

牛肚　200g
牛肺　200g
牛大肠　200g
牛气管　200g
牛筋　100g
大蒜片　20g
红葱头块　50g
冰糖　60g
蚝油　60ml
老抽酱油　80ml
生抽酱油　100ml
高汤　4000ml
盐　适量
白萝卜块　180g
葱花　20g

卤包
　草果　20g
　白胡椒粒　15g
　八角　15g
　桂皮　15g
　月桂叶　3片
　沙姜　10g
　花椒粒　10g

[做法]

① 将牛肚、牛肺、牛大肠、牛筋、牛气管汆烫后备用，炖锅中加入冷水，将卤包放入炖锅中，牛气管先卤6小时，再放入其他材料中火炖3～3.5小时。

② 另热一炒锅，放入大蒜片、红葱头块炒香，放入冰糖、蚝油、老抽酱油、生抽酱油及高汤、盐煮开（见图1、图2），倒入做法①的炖锅中，再加入白萝卜块，继续炖煮30分钟。

③ 用剪刀将牛杂剪成适当大小（见图3、图4），放入碗中舀入汤汁，最后撒上葱花即可完成。

Six Star Beef Noodles

六星级牛肉面

时间 准备 20 min 料理 13 h ｜ 饮品 清茶 ｜ 分量 6～8 人

台湾众多美食中，牛肉面极具代表性，从街边小吃店到国际级饭店，都能品尝到这道美食。现在只要学会这道六星级牛肉面，在家也能享受如饭店等级的美味了。牛肉面有三大要素，除了劲道的面条外，还有以牛骨及具有甜味的蔬菜熬成充满丰富香气的浓醇汤头，以及软而不烂的牛筋与牛腩，一碗面就让胃和心灵都得到了极大的满足。用花椒油将大蒜、嫩姜、番茄及豆瓣酱炒香是这道六星级牛肉面升级的主因。

[材料]

牛大骨　4000g
水　8000ml
洋葱　1棵
胡萝卜　120g
香葱　60g
蒜苗梗　60g
葱花　20g
花椒　5g
八角　5g
牛筋　300g
牛腩　800g
色拉油　50ml
花椒粒　3g
大蒜　50g
嫩姜　30g
番茄　200g
豆瓣酱　50g
冰糖　60g
酱油　80ml
米酒　60ml
盐　15g
蒜苗　60g
香葱　50g
鸡蛋面　300g
炒酸菜　120g（详见第33页）

中药包
花椒粒　5g
川芎　6g
陈皮　10g
八角　5g
肉桂　15g
花椒粒　5g
卤包袋　1个

[做法]

① 牛大骨先沸水烫过后捞起，再加水煮沸（见图1）。

② 加入洋葱、胡萝卜、香葱、蒜苗梗及烫过的牛大骨；再加入中药包起大火煮沸后，转小火煮8小时。过滤后需有6000ml牛骨高汤。

③ 牛筋汆烫后，冲冷水备用；牛腩汆烫后，煎上色备用（见图2）。

④ 以色拉油爆香八角、花椒粒、花椒后过滤出花椒油（见图3）；用花椒油炒香大蒜、嫩姜、番茄和豆瓣酱后加入牛骨高汤煮开。

⑤ 冰糖入锅煮成糖膏，加入酱油、米酒、盐、蒜苗、香葱后（见图4），倒入做法④的汤中，再加入切块的牛腩及牛筋煮2.5~3小时。

⑥ 最后煮好的牛肉汤头，再搭配烫熟的面条和炒酸菜，撒上葱花即可完成。

Flat Iron Steak Salad

翼板牛沙拉

（时间）准备 6 h 料理 20 min　（饮品）柠檬啤酒　（分量）2 ~ 3 人

有些人觉得沙拉生冷而不爱吃，你听过温沙拉吗？温沙拉一词起源于法语"Salade Tiede"，Tiede是温热的意思，所以顾名思义就是温热吃的沙拉。温沙拉做法大致可分为两种，一为生菜配上烹煮过的食材；另一为以温热的酱汁拌食材，或是食材皆以中小火烹煮，这里介绍的翼板牛肉沙拉属于前者，吃起来不会太冰冷。

[材料]

腌料
酱油	120ml
味醂	180ml
清酒	100ml
姜泥	40g
蒜泥	20g
胡椒	适量
柠檬汁	40ml

翼板牛肉（嫩肩牛肉） 300g
综合生菜 150g
紫洋葱丝 50g
橄榄油 15ml
无盐黄油 20g
香菜碎 10g
综合坚果 30g

[做法]

① 将腌料全部混合后分成两份，一份先冷藏，另一份备用。

② 翼板牛肉用备用的腌酱腌渍6~8小时后取出备用（见图1）。

③ 烤箱200℃预热备用。综合生菜洗净与切丝后的紫洋葱，以冰水浸泡备用。

④ 橄榄油入平底锅加热，放入腌好的牛肉先煎油脂部分，两面以中火煎三四分钟，至表面上色（见图2）。

⑤ 将煎上色的牛肉放上黄油（见图3），进烤箱烤3分钟取出，静置8~10分钟，再切1cm宽的肉片备用（见图4）。

⑥ 将冰水中的生菜、洋葱脱水后放入盆中，放入牛肉片，淋上2匙酱汁，撒上香菜碎、坚果摆盘即可完成。

Japanese Gyudon

日式牛丼饭

时 间 准备 10 min 料理 20 min ｜ 饮品 日式啤酒或麦茶 ｜ 分量 1人

　　日式牛丼饭应该是许多人对于日本"平价"美食最具印象的代表了，现在花不到二十分钟，你也可以在家享用美味的牛丼饭。建议可先将柴鱼牛丼汁熬煮好，下班回家后加热酱汁、涮上牛肉片，就是一碗简单丰富又美味的晚餐了。

[材料]

色拉油　30ml

洋葱片　150g

日式清酒　50ml

牛五花片　150g

白芝麻　少许

七味粉　少许

白饭　1碗

温泉蛋　1颗（详见第33页）

香葱葱花　20g

日式腌嫩姜　20g

烫熟双色菜花　100g

牛丼汁

柴鱼高汤　500ml（详见第29页）

香葱段　10g

苹果泥　50g

味酥　60ml

鲣鱼酱油　60ml

鲣鱼风味调味粉　20g

砂糖　30g

柴鱼片　40g

[做法]

❶ 色拉油入炖锅中以中火加热，放入洋葱片炒约3～5分钟炒至香软，倒入清酒略煮（见图1）。

❷ 在炖锅倒入牛丼汁材料，中火煮至微沸，捞除浮沫，再熬煮约3～5分钟（见图2）。

❸ 将牛五花肉片放入牛丼汁中煮约1分钟（见图3），关火盖上锅盖闷五六分钟，起锅前开盖撒上白芝麻、七味粉，就完成基本的牛丼料（见图4）。

❹ 将白饭淋上牛丼料，放上一颗温泉蛋，撒上葱花，搭配日式腌嫩姜、双色菜花即可完成。

Tips

牛肉片煮的时间需特别注意，过久肉质会变硬。

151

Japanese Hoba Yaki with Hida Beef

日式和牛朴叶烧

(时间) 准备 5 min 料理 6 min ｜ (饮品) 日式清酒 ｜ (分量) 1～2 人

　　牛肉朴叶烧是日本料理常见的特色风味菜，呈鹅蛋形的朴叶，又大又厚，可放上食材后在大火上烹煮，干枯的朴叶在经过烧灼后能散发独特叶香，将牛肉放置在朴叶上烧烤能增添木调香，香气袭人，咀嚼后的叶香能刺激食欲。

[材料]

和牛纽约客　180g
朴叶　1片
香葱花　10g
白芝麻　少许
柠檬切角　1颗

配料
　蟹味菇　1朵
　玉米笋　1支
　番茄块　50g

蘸酱
　鲣鱼酱油　20ml
　白萝卜泥　15g
　海盐　适量

[做法]

① 将火山岩石板先烧热备用（见图1）；将白萝卜用料理机打成泥（见图2）。

② 纽约客牛排用餐巾纸将表面擦干，平底锅烧热后放入牛排、蟹味菇、玉米笋，牛排每面煎约30～40秒至上色后（见图3），取出静置3～5分钟，切成1.5cm宽长条备用（见图4）。

③ 将炉子上放上烧热的火山岩石，再铺上朴叶，放上配料及牛排，利用石板的温度慢慢将肉煎熟。

④ 撒上葱花、白芝麻，搭配萝卜泥、鲣鱼酱油、海盐及柠檬角即可完成。

Tips

如无专业烤炉，用家庭用烤肉炉也可以。

Japanese Beef Udon

日式牛肉乌冬面

| 时间 | 准备 8 min 料理 10 min | 饮品 | 日式绿茶 | 分量 | 1~2人 |

　　这是一道清爽少负担的简单料理。在日本，乌冬面是居家必备食材，也是日本料理店不可或缺的主角。而最经典的日式乌冬面做法，绝对离不开牛肉和高汤。以鲣鱼酱油、味醂等调制的汤汁，搭配轻涮即起的牛五花肉片，淋在劲道的乌冬面上即成为日式牛肉乌冬面，好吃得令人难以置信呢！

[材料]

乌冬面　1包
牛高汤　400ml
鲣鱼酱油　40ml
味醂　30ml
牛五花片　150g
温泉蛋　1颗（详见第33页）
白萝卜泥　15g
海苔丝　1小搓
水　50ml
面粉　35g
蛋黄　1颗
橄榄油　适量
七味粉　5g
香葱花　1根
炒洋葱　40g

[做法]

① 煮一大锅的热水，水开后加入乌冬面，待煮软后捞起，冲冷水沥干备用（见图1）。

② 牛高汤、鲣鱼酱油、味醂入锅中煮沸成拉面汤，放入牛肉片涮熟即捞起，勿烹调过久（见图2）。

③ 把面粉、蛋黄用水调成面糊。热油锅，将面糊透过筛网滴入油中，炸成一粒粒的粉酥（见图3、图4）。

④ 将冷乌冬面置于碗中，冲入拉面汤，摆上牛肉片，温泉蛋一颗，淋上萝卜泥，以海苔丝、炒洋葱装饰。食用前再舀入一匙炸粉酥并加上少许七味粉、葱花即可完成。

Tips

日式拉面给人清淡的口感，如买不到鲣鱼酱油可改用淡色酱油代替，也可加入少许鲣鱼粉提味。

Pan-fried Wagyu Beef With Apple Vinegar Sauce

香酥和牛佐苹果醋酱

时间 准备 5 min 料理 5 min ｜ 饮品 日式啤酒或麦茶 ｜ 分量 1 人

　　炸猪排不陌生，但炸牛排你吃过吗？外皮酥脆，面皮里头是五成熟牛肉，这可谓是日本最早出现的美味炸物。裹上面皮的牛肉，因快速油炸后即起锅，烹调的时间很短，外酥里软的口感，只要吃过一次就会留下深刻的印象。

[材料]

澳洲和牛肋眼　200g
海盐　适量
胡椒　适量
高筋面粉　150g
鸡蛋液　100g
面包粉　150g
色拉油　300ml
苹果醋酱　80g（详见第30页）

配料

水　50ml
橄榄油　20ml
圣女番茄　8颗
绿芦笋　4根
紫甘蓝丝　120g
紫苏梅　3颗
柠檬切角　1颗

[做法]

① 以餐叉或断筋器将肋眼牛肉的细筋断除，撒上盐、胡椒备用（见图1）。

② 将牛肉均匀裹面粉（见图2），再裹蛋汁，最后裹上面包粉，用力压让粉包裹牛肉（见图3）。

③ 炸油倒入深煎锅，中火加热至170℃，放入牛肉炸至一面金黄后，再将牛肉翻面继续炸至金黄上色后夹起（见图4）。

④ 在另一炒锅中放入水、橄榄油、盐少许煮沸，放入番茄、绿芦笋煮熟后捞起。

⑤ 盘中先放上紫甘蓝丝、芦笋及番茄，摆上炸好的牛肉，旁边附上苹果醋酱、紫苏梅、柠檬角即可完成。

Tips

若没有温度计，可使用竹筷测试炸油的温度。当竹筷插进油锅里，若出现很多的细泡，代表油温足够；需注意竹筷一边只能使用一次。

Korean Beef Kebabs

正宗韩国烤牛肉串

| 时间 | 准备 1.5 h 料理 10 min | 饮品 韩国烧酒 | 分量 2~3人 |

韩国烧烤讲究原汁原味，并辅以不同的酱汁蘸食。但这道料理因为是较具口感的牛肉条，所以采先腌制入味再煎烤，带有煎烤焦香的肉条微甜、微辣，与白饭、泡菜搭配一起食用，相信你再也回不去普通版的烤肉饭了！

[材料]

牛侧腹　600g
芥花油　50ml

腌料
蜂蜜　30g
米醋　70ml
味醂　70ml
韩国酱油　70ml
芝麻油　60ml
韩式辣椒酱　40g

韩式泡菜　30g
香葱段　20g

配料
白饭　150g
韩式泡菜　100g
白芝麻　8g
香菜　10g
薄荷叶　5g
生菜　60g

[做法]

① 在一个容器内放入腌料，混合拌匀成腌酱（见图1）。

② 牛侧腹肉切成长方形块(见图2)，放入腌酱中拌匀，腌制30~40分钟，静置室温备用。

③ 将腌好的肉块、韩式泡菜、葱段用铁扦穿成肉串（见图3）。

④ 入芥花油将煎烤锅预热，将牛肉串刷上腌酱煎烤二三分钟，翻面再烤约2分钟，至5~7成熟（见图4）。

⑤ 在盘中放上白饭、韩式泡菜，摆上烤好的肉串，撒上白芝麻、香菜及薄荷叶，搭配生菜及韩式辣酱即可完成。

Tips

韩式烤肉的口感有点甜、微微辣哦！

图书在版编目（CIP）数据

牛肉料理地图: 55道全球牛肉料理 / 黄庆轩著 . —北京:
中国轻工业出版社，2017.12

ISBN 978-7-5184-1654-7

Ⅰ . ①牛… Ⅱ . ①黄… Ⅲ . ①牛肉 – 烹饪
Ⅳ . ① TS972.125.1

中国版本图书馆 CIP 数据核字（2017）第 249151 号

责任编辑：高惠京　　责任终审：张乃东　　整体设计：锋尚设计
责任校对：晋　洁　　责任监印：张京华

出版发行：中国轻工业出版社（北京东长安街6号，邮编：100740）
印　　刷：北京博海升彩色印刷有限公司
经　　销：各地新华书店
版　　次：2017年12月第1版第1次印刷
开　　本：710×1000　1/16　印张：10
字　　数：200千字
书　　号：ISBN 978-7-5184-1654-7　定价：48.00元
邮购电话：010-65241695
发行电话：010-85119835　传真：85113293
网　　址：http://www.chlip.com.cn
Email：club@chlip.com.cn
如发现图书残缺请与我社邮购联系调换
170530S1X101ZYW